水利水电工程设计与实践

王宇琪　颜春虹　著

吉林科学技术出版社

图书在版编目（CIP）数据

水利水电工程设计与实践 / 王宇琪，颜春虹著．—
长春：吉林科学技术出版社，2024.3
ISBN 978-7-5744-1218-7

Ⅰ．①水… Ⅱ．①王… ②颜… Ⅲ．①水利水电工程
—工程设计 Ⅳ．①TV222

中国国家版本馆 CIP 数据核字（2024）第 067711 号

水利水电工程设计与实践

著　　　王宇琪　颜春虹
出 版 人　宛　霞
责任编辑　马　爽
封面设计　树人教育
制　　版　树人教育
幅面尺寸　185mm×260mm
开　　本　16
字　　数　250 千字
印　　张　11.5
印　　数　1~1500 册
版　　次　2024 年 3 月第 1 版
印　　次　2024 年12月第 1 次印刷

出　　版　吉林科学技术出版社
发　　行　吉林科学技术出版社
地　　址　长春市福祉大路5788 号出版大厦A 座
邮　　编　130118
发行部电话/传真　0431-81629529 81629530 81629531
81629532 81629533 81629534
储运部电话　0431-86059116
编辑部电话　0431-81629510
印　　刷　廊坊市印艺阁数字科技有限公司

书　　号　ISBN 978-7-5744-1218-7
定　　价　70.00元

前　言

水资源是一个国家国民社会经济发展的基础。自古以来，水利水电工程建设一直是各朝各代必须发展的国家项目，如众所周知的大禹治水、秦时郑国渠和灵渠的修建、以及隋朝京杭大运河的开凿等，都是为了国民生计和国家治理所建设施工的项目，对我们国家历史的进步发展起着至关重要作用。新中国成立以来，我国大力发展各项水利水电工程，并且取得了很大的成绩，对国民经济发展，保障人民生命和财产安全起到了极其重要的作用。

水利水电工程是我国民生事业的基础，而水利水电工程设计方案则为工程施工建设工作提供了方案指导，设计方案的科学性与合理性自然也就影响了工程最终的质量和价值。因此，水利水电工程建设不仅要注重工程建设质量，同时还对水利水电工程设计等方面提出了更高的要求。现代水利水电工程设计应注重生态、环保，追求人与自然的和谐统一，真正体现以人为本、人与自然和谐共处的设计理念。现代水利水电工程设计应把握“工程与生态、景观与文化、现代与自然”相结合的设计主题，做到生态环境的良性循环和可持续性，水利建筑整体与景观设计内容相融合，人工环境与自然环境相协调，注重水工建筑物个性、布局、色彩和创新，注重与周围环境的协调性，综合考虑工程所在地的区域性、历史文化性、整体性等因素，真正做到安全可靠、生态环保、美观、可持续性等。本书将生态理念融入水利水电工程设计中，为现代水利水电工程建设的可持续发展奠定了理论基础。

水利水电工程规划设计是整个水利水电工程建设工作中的重点，是保证水利水电工程设计合理、施工有序、管理有效的基本保障。伴随着我国经济飞速提升，水利事业照以往进步也非常显著，在这里面水利水电工程越发成为人们热议的话题，对国民经济与社会发展有着深远的影响。想要大规模地破土动工，就需要将建设速度提升上去，而这很大程度上取决于规划设计成效如何。另外，对于国家与政府投入资金也提出了较高的要求，同一时间相关决策部门也应当出台一系列正确决策。本书在此基础上，对水利建设工程规划与设计进行研究，希望能对相关工作者有所帮助。

目 录

第一章　水电站的作用与特点

第一节　水力发电资源的基本特点

一、我国陆地水力发电资源的基本情况

我国是一个缺水严重的国家。我国淡水资源总量为2.8万亿立方米，占全球水资源的6%，仅次于巴西、俄罗斯和加拿大，居世界第四位，但人均只有2300m³，仅为世界平均水平的1/4、美国的1/5，在世界上名列第2位，是全球13个人均水资源最贫乏国家之一。扣除难以利用的洪水径流和散布在偏远地区的地下水资源后我国实际可利用的淡水资源量则更少，仅为11000亿立方米左右，人均可利用水资源量约为900m³且其分布极不均衡。在所有淡水资源中地表水2.7万亿立方米、地下水0.83万亿立方米，由于地表水与地下水相互转换、互为补给，扣除两者重复计算量0.73万亿立方米，与河川径流不重复的地下水资源量约为0.1万亿立方米。

（一）我国水资源的主要特点

按照国际公认的标准，人均水资源低于3000m³为轻度缺水，人均水资源低于2000m³为中度缺水，人均水资源低于1000m³为重度缺水，人均水资源低于500m³为极度缺水。我国目前有16个省（区、市）人均水资源量（不包括过境水）低于严重缺水线，有6个省、区（宁夏、河北、山东、河南、山西、江苏）人均水资源量低于500m³。我国水资源的主要特点如下。

1. 我国水资源人均占有量很低

我国多年平均年降水量约6万亿立方米，其中约3.2万亿立方米左右通过土壤蒸发和植物散发又回到了大气中，余下的约有2.8万亿立方米形成了地表水和地下水。这就是我国拥有的淡水资源总量。这一总量低于巴西、俄罗斯、加拿大、美国和印度尼西亚，居世界第六位。

由于人口众多，人均水资源占有量低，按照2004年人口计算，我国人均水资源占有量2185立方米，不足世界平均水平的1/3。我国一些流域如海河、黄河、淮河流域，人

均占有量更低。

2. 我国降水年内年际变化大

受季风的影响，我国降水年内年际变化大。水资源的时间分布极不均衡。我国降水时间分配上呈现明显的雨热同期，基本上是夏秋多、冬春少。总体表现为降水量越少的地区，年内集中程度越高。

北方地区汛期4个月径流量占年径流量的比例一般在70% ~ 80%，其中海河、黄河区部分地区超过了80%，西北诸河区部分地区可达90%。南方地区多年平均连续最大4个月径流量占全年的60% ~ 70%。不但容易形成春旱夏涝，而且水资源量中大约2/3是洪水径流量，形成江河的汛期洪水和非汛期的枯水。

3. 我国水资源空间分布不均

我国水资源空间分布不均，与土地、矿产资源分布以及生产力布局不相匹配。

南方水多、北方水少，东部多、西部少，山区多、平原少。全国年降水量的分布由东南的超过3000毫米向西北递减至少于50毫米。

北方地区（长江流域以北）面积占全国63.5%，人口约占全国的46%、耕地占60%、GDP占44%，而水资源仅占19%。其中，黄河、淮河、海河3个流域耕地占35%，人口占35%，GDP占32%，水资源量仅占全国的7%，人均水资源量仅为457立方米，是我国水资源最紧缺的地区。

4. 北方地区水资源明显减少

受全球性气候变化等影响，近年来我国部分地区降水发生变化，北方地区水资源明显减少。

近20年来，全国地表水资源量和水资源总量变化不大，但南方地区河川径流量和水资源总量有所增加，增幅接近5%，而北方地区水资源量减少明显，其中以黄河、淮河、海河和辽河区最为显著，地表水资源量减少17%，水资源总量减少12%，其中海河区地表水资源量减少41%、水资源总量减少25%。北方部分流域已从周期性的水资源短缺转变成绝对性短缺。

我国的水资源特点，反映出我国总体上是一个干旱缺水的国家。同时，我国来水的时空分布不均给水资源开发利用带来很大困难，必须修建相应的蓄水、调水等水利水电工程实现来水和需水的匹配。

（二）我国水资源的状况

据监测，目前全国多数城市地下水受到一定程度的点状和面状污染且有逐年加重的趋势，日趋严重的水污染不仅降低了水体的使用功能，还进一步加剧了水资源短缺的矛盾。对我国的可持续发展战略带来严重影响，并严重威胁到城市居民的饮水安全和人民群众的健康。据水利部预测，2030 年我国人口将达到 16 亿，届时人均水资源量仅有 1750m³。在充分考虑节水的情况下，预计用水总量为 7000 亿 ~8000 亿立方米，要求供水能力比现在增长 1300 亿 ~2300 亿立方米。全国实际可利用水资源量接近合理利用水量上限，水资源开发难度极大。根据 1956—2011 年的全国水文气象资料，我国水资源量的状况可概况为以下五点。

（1）降水总量平均年降水总量为 6.3 万亿立方米，折合降水深为 651mm，比全球陆地平均值低约 21%。受气候和地形影响，降水的地区分布极不均匀，从东南沿海向西北内陆递减。我国台湾地区多年平均年降水为 2541mm，而塔里木盆地和柴达木盆地的多年平均年降水深则不足 25mm。

（2）河川径流量在我国，降水量中约有 56% 通过陆地蒸发返回空中，其余 44% 形成径流。全国河川径流量为 2.8 万亿立方米，折合径流量深为 286mm。其中，地下水排泄量为 6791 亿立方米，约占 28%；冰用融水补给量为 572 亿立方米，约占 3%；从我国境外流入的水量约为 171 亿立方米。

（3）土壤水通量根据陆面蒸散发量和地下水排泄量估算，全国土壤水通量约为 4.3 万亿立方米（约占降水总量的 68%），其中约有 16% 通过重力作用补给地下含水层，最后由河道排泄形成河川基流量，其余 3.6 万亿立方米消耗于土壤和植被的蒸散发。

（4）地下水资源量地下水资源量是指与降水、地表水有直接补排关系的地下水总补给量。根据水资源开发利用现状，全国多年平均地下水资源量约为 8297 亿立方米，其中有 6773 亿立方米分布于山丘区，1882 亿立方米分布于平原区，山区与平原区的重复交换量约为 358 亿立方米。

（5）水资源总量扣除地表水和地下水相互转化的重复量，我国水资源总量为 2.9 万亿立方米；其比河川径流量多的 1009 亿立方米水量是平原、山间河谷与盆地中降水和地表水补给地下水的部分水量。在不开采地下水的情况下，这部分水量以潜水蒸发的形式消耗，通过地下水开采，可以从蒸发中夺取部分水量加以利用。经过计算，平均年潜水蒸发量在北方平原地区为 845 亿立方米，在南方平原地区为 120 亿立方米。

联合国一项研究报告指出“全球现有 12 亿人面临中度到高度缺水的压力，80 个国家水源不足，20 亿人的饮水得不到保证。预计到 2025 年，形势将会进一步恶化，缺水人口将达到 28 亿 ~33 亿”，世界银行的官员预测在未来 5 年内“水将像石油一样在全世界运转”。我国属于缺水国之列，人均淡水资源仅为世界人均量的 1/4，居世界第 109 位。我国已被列入全世界人均水资源 13 个贫水国家之一而且分布不均，大量淡水资源集中在南方，北方淡水资源只有南方水资源的 1/4。据统计，全国 600 多个城市中有一半以上城市不同程度缺水，沿海城市也不例外，甚至更为严重。目前，我国城市供水以地表水或地下水为主，或者两种水源混合使用，有些城市因地下水过度开采，造成地下水位下降，有的城市形成了几百平方千米的大漏斗，使海水倒灌数十千米。由于工业废水的肆意排放，导致 80% 以上的地表水、地下水被污染。许多专家警告“20 年后中国将可能找不到可饮用的水资源”。美国民间有影响的智囊机构（世界观察研究所）发表的一份报告称：“由于中国城市地区和工业地区对水需求量的迅速增大，中国将长期陷入缺水状况。”我国的黄河在近 20 多年年年断流（其中 1997 年断流 226 天），流经我国一些人口稠密地区的淮河也曾经断流 90 天。卫星遥感整理显示，我国的数百个湖泊正在干涸，一些地方性的河流也在消失。目前全国 600 多座城市中有 300 多座缺水，其中严重缺水的有 108 个。北京市的人均占水量为全世界人均占水量的 1/13，连一些干旱的阿拉伯国家都不如。就生产用水来说，在宁夏的一些地方，每亩水稻一年大约需要浇 2000 立方米的水，一亩小麦需要 1200 多立方米的水。我国农村普遍的水资源利用率只有 40% 左右。在宁夏，每公斤大米耗水超过 2t。大水漫灌如果真的对庄稼有好处，倒也罢了，但事实上这种做法是引起土地盐碱化的最根本原因。工业用水方面，我国炼钢等生产过程的单位耗水量比国外先进水平高几倍甚至几十倍，水的重复利用率不到发达国家的 1/3。以河北省为例，这个人均水资源比以色列还少的地区，靠大量超采地下水掩盖着极度缺水这一重要事实，全省累计超采地下水 600 亿立方米，其中深层地下水 300 亿立方已无法补充。据初步估计再过 15 年石家庄的地下水就能采完。目前，华北平原已出现了全世界面积最大的地下复合漏区，达四五万平方千米。西部的许多地区，因地下水超采严重，大片已成活多年的树木枯死。以色列的自然条件比我国西部的许多地方更为恶劣，以色列不但居家过日子极重节水，而且其享誉世界的节水农业使世界上最缺水国家之一的以色列成为世界农产品出口大国，同时其出口节水农业技术与设备的收入更超过出口农产品的收入。

我国的水存在两大主要问题：一是水资源短缺，二是水污染严重。为缓解严峻的水形势应采用以下措施：①节水优先战略。这主要体现在控制需求、创建节水型社会上。在国家发展过程中，选择适当的发展项目建立“有多少水办多少事”的理念，杜绝水资源浪费，同时需要采用良好的管理和技术手段提高水资源利用率。积极发展节水工业、农业技术，大力推广应用节水器具，发现并杜绝水的漏泄，包括用水器具及输水管网中的漏泄。②确定“治污为本”理念。这就要求我国的水污染防治战略应尽快实行调整，从末端治理转向源头控制和全过程控制。③提倡“多渠道开源”，这主要是指开发非传统水资源。现在世界各国纷纷转向非传统水资源的开发，非传统水资源包括雨水、再生的污废水、海水、空中水资源。据介绍，目前我国工业用水重复利用率只有 60%，城市废水利用几乎没有。而以色列的城市废水利用则达到 90%，美国的洛杉矶也是利用处理过的城市废水浇灌绿地。城市废水的再利用不仅减少了污染，还可以缓解水资源紧张的矛盾。另外，随着技术进步，海水淡化成本趋低，并且海水可以直接用作工业冷却用水和冲洗用水。我国香港地区很多公用卫生场所的冲洗就是采用海水。中国政府水行政主管部门自 1988 年《中华人民共和国水法》颁布起，就确定每年的 7 月 1—7 日为“中国水周”。

考虑到世界水日与中国水周的主旨和内容基本相同，从 1994 年开始，把时间改为每年的 3 月 22—28 日，进一步提高全社会关心水、爱惜水、保护水和水忧患意识，促进水资源的开发、利用、保护和管理。

（三）我国水资源的分布特点

我国按河流水系将全国划分成十大流域，即黑龙江流域、辽河流域、海河流域、黄河流域、淮河流域、长江流域、珠江流域、东南诸河流域、海南诸河流域和内陆河流域。我国的水资源主要是由大气降水补给的河流、湖泊、土壤水和地下水等淡水资源。我国水资源的分布特点可归纳为以下四点。

（1）河流众多。全国流域面积大于 1000k ㎡ 的河流约有 1500 条，流域面积在 $100km^2$ 以上的河流有 50000 多条。在河流两岸形成了我国主要的农业区、运输网和发达的工业区。长江属世界第三大河流，黄河为世界第五大河流（以长度计）。

（2）径流量大。所谓径流量是指单位时间内通过河流量某断面的水量。我国的年平均径流总量为 $2.72\times1012m^3$，居世界第六位。人均径流量为 $2200m^3$，为世界人均径流量的 1/4。

（3）水能资源丰富。我国大中型水电站约 2000 座，其中 100 万千瓦级大型水电站约 100 座，25 万千瓦以上中型水电站约 200 座。20 世纪 90 年代对各大江河流域的水能资源进行了复查（包括我国台湾地区在内），中国水能资源理论蕴藏量约为 6.878 亿千瓦，其中技术可开发的装机容量为 4.47 亿千瓦，经济可开发的装机容量为 2.96 亿千瓦，均占世界首位。在技术可开发蕴藏量中长江流域占 59.2%、雅鲁藏布江流域（流入印度洋）占 14.7%、澜沧江流域（流入湄公河，已建有漫湾、小湾、糯扎渡水电站）占 7.3%、黄河流域占 8.9%、珠江流域占 7.4%、怒江流域占 3.7%。

（4）水资源分布特异性强。在我国幅员辽阔的国土工山地占全国总面积的 33%、高原占全国总面积的 26%、丘陵占全国总面积的 10%、盆地占全国总面积的 19%、平原占全国总面积的 12%。各地降水量时空分布很不均匀（以斜贯我国大陆的 400mm 等雨量线划界，在此线西北为干旱和半干旱地区，约占全国国土面积的 45%，气候干燥、雨量稀少、农作物需要常年灌溉。在此线以东，降水量由西北到东南逐步增加，但受季风的影响，降水量在时间和空间分布很不均匀）。降水量在地区上的分布见表降水量在时间上分布不均，汛期雨量占全年降水量的 50%~70%（7~10 月），冬春枯水期雨量占全年降水量的 10%~20%（7~3 月）。

表1-1 我国大陆降水量在地区上的分布

序号	流域	特点
1	长江流域和长江以南	降水量为全国降水后的80%，人口为全国人口的53%，耕地为全国耕地的36%
2	长江以北地区	降水量为全国降水量的20%，人口为全国人口的47%，耕地为全国耕地的65%
3	黄河、海河、淮河、辽河流域	降水量为全国降水量的10%，人口为全国人口的45%，耕地为全国耕地的43%

总之，我国的水资源状况不容乐观，典型表现是北方资源性缺水、南方水质性缺水、中西部工程性缺水。

（四）我国的水资源现状

我国的水资源现状可归结为以下五个方面。

（1）水旱灾害依然频繁并有加重趋势。我国水资源时空分布不均，与土地资源分布不相匹配，南方水多、土地少，北方水少、土地多。耕地面积的一半以上处于水资源紧缺的干旱、半干旱地区，约1/3的耕地面积位于洪水威胁的大江大河中下游地区，干旱和洪涝引发的自然灾害，是我国损失最为严重的自然灾害。由于气候变化等原因，我国的水旱灾害呈现加重的趋势。20世纪70年代，我国农田受旱面积平均每年约1100万公顷，80—90年代约2000万公顷。近5年来，平均每年受旱面积上升到3500多万公顷，因旱灾减产粮食约占同期全国平均粮食产量的6%左右。1950—2011年的52年中，我国平均农田因洪涝灾害受灾面积1021万公顷，而1990—2000年的10年间年均受洪涝灾害面积为1580万公顷（因水灾减产粮食约占同期全国平均粮食产量的3%）。

（2）农业用地减少、农业用水短缺程度加剧。随着城市化和经济社会发展，土地被大量占用，非农业灌溉用水需求急剧增加，农业与工业、农村与城市、生产与生活、生产与生态等诸多用水矛盾进一步加剧。尽管我国采取了最严格的耕地保护措施，但大量的农田和农业灌溉水源被城市和工业占用，耕地资源减少的势头难以逆转，水资源短缺的压力进一步增大。1980—2011年的30多年间，我国经济发展速度较快，全国总用水量增加了25%，而农业用水总量基本没有增加。全国农业用水量在总用水量中所占比例不断下降，由1980年的88%下降到2004年的66%。

（3）中国水土流失尚未得到有效控制，生态脆弱我国众多的山地、丘陵，因季风型暴雨极易造成水土流失。同时，对水土资源不合理的开发利用加剧了水土流失。目前，我国水土流失面积361万平方千米，占国土面积的38%，每年流失的土壤总量达50亿吨。严重的水土流失导致土地退化、生态恶化并造成河道及湖泊的泥沙淤积，加剧了江河下游地区的洪涝灾害。由于干旱和超载过牧导致草原出现退化、沙化现象。

（4）污染负荷急剧增加，加重了水体污染2011年全国废污水排放总量达750亿吨，比1980年增加了1倍多。大量的工业和生活污水未经处理直接排入水中，农业生产中化肥和农药大量使用使得部分水体污染严重。水污染不仅加剧了灌溉可用水资源的短缺，成为粮食生产用水的一个重要制约因素，而且直接影响着饮水安全、粮食生产和农作物安全，造成了巨大的经济损失。

（5）农村水利基础设施亟待完善。我国约有 55% 的耕地还没有灌排设施，农村有 3 亿多人饮水不安全。全国灌溉面积中有 1/3 以上是中低产田，已建的灌排工程大多修建于 20 世纪五六十年代，受当时经济和技术条件的限制，一些灌排工程标准低、配套不全，经过几十年的运行，很多工程存在工程老化严重、效益衰减等问题，灌溉用水效率低，因此，节约用水和提高土地粮食生产率的潜力还很大。

二、我国陆地水力发电资源利用现状

我国的水资源相对比较匮乏，但水力资源却还是极其丰富的，仅各水系水力资源理论蕴藏量就达 676 亿千瓦，其中可开发的 500kW 以上的水电站总装机容量为 3.78 亿千瓦，年发电量为 19233.04 亿千瓦・时（居世界首值）。水力发电的原理是利用水位落差，配合水轮发电机产生电力，主要利用大坝集中天然水流，经水轮机与发电机的联合运转，将集中的水能（动能和势能）转换为电能，再经变压器、开关站和输电线路等将电能输入电网。作为技术最成熟、供应最稳定的可再生清洁能源，水电具有节能减排、出力稳定、可存蓄、运营周期长、现金流稳定和发电成本低等优势。随着政府政策推进水电持续发展，我国已成为全球最大的水力发电国家，水力发电量 2015—2020 年表现为逐年递增趋势，2020 年达到最高，2021 年小幅度下降后有所回升。有关数据显示，2022 年整年我国水力发电量达 12020 亿千瓦时，较 2021 年增长 1%，12 月份发电量为 747.1，较 2021 年 12 月同比增长 3.6%。2022 年整年四用、云南和湖北水力发电量分别为 3681.3 亿千瓦时、3038.3 亿千瓦时和 1175.4 亿千瓦时，分别较 2021 年增长 11.6%、增长 1.8% 和下降 23.3%。

截至 2022 年年末，我国累计水电装机规模达 4.135 亿千瓦，位居全球第一。近年来我国全球水电装机规模一直保持缓慢增长状态，增长速度有下降趋势，但在全球气候变暖的背景下，水电在实现“双碳”目标方面承担了重要作用，预计未来将继续保持缓慢增长态势。大规模外送通道的建设规划推动我国水电设备利用小时在 2017 年以来增长迅速，到 2020 年，我国水电设备利用小历年来首次突破 3800 小时，但随着国内疫情反复导致国内水电设备利用连续两年下降，2021—2022 年分别为 3622 小时和 3412 小时。投资完成额变动而言，近年疫情背景影响开工，整体水力发电建设投资完成额有所下降，2022 年仅为 863 亿元，较 2021 年下降 12.7%。

（1）水力资源在地区分布上不均衡、与经济发展现状不匹配。我国经济相对落后的西南、西北地区的水力资源约占全国可开发水力资源的 7%，中南地区的水力资源约占全国可开发水力资源的 15.5%，东北、华北和华东三大区的水力资源共占全国可开发水力资源的6.8%。全国70%以上的大型水电站和80%以上的特大型水电站集中分布在云、贵州、藏等西南四省区。从我国经济发展的现状来看，用电负荷主要集中在东部地区，因此，搞好西电东送工程可以解决水力资源分布与经济发展现状不匹配的矛盾。

（2）河流主要由降雨形成，径流年内水量分配很不均匀、丰枯流量相差悬殊，因此，在开发水力资源时要建造调节性能好的水库，提高总体水电质量。

（3）水力资源相对集中在一些高山、大河地区，不少水电站装机容量超过 1×10^{7}KW 这些大型水电站水头高、单机容量大，带来很多技术难题，制约了水力资源的开发利用速度。

因此，随着水电基地的开发，我国将逐步优化“西电东送”布局、缓解电力供应紧张局面以适应国民经济日益发展的需要。2050 年，我国水电装机容量将达 4.3 亿千瓦，水电资源将基本开发完毕，水电开发率将达到 90% 以上，届时，我国将真正成为水电资源大国、开发规模大国和水电电能生产大国，其水电技术水平将稳居世界领先地位。

第二节　水力发电的基本原理与特征参数

水力发电是通过水电站枢纽实现的，在这里，水电站相当于一个将水能转换为电能的工厂，水能（水头和流量）相当于这个工厂的生产原料，电能相当于其生产的产品，水轮机和水轮发电机则是其最主要的生产设备。经过一系列工程措施，有压水流通过水轮发电机组转换为电能，该过程即被称为水力发电，所谓水轮发电机组（机组）就是水轮机和水轮发电机的组合。水库中的水体具有较大的位能，当水体通过隧洞、压力水管流经安装在水电站厂房内的水轮机时，水流带动水轮机转轮旋转，此时水能转变为旋转机械能，水轮机转轮带动发电机转子旋转切割磁力线，在发电机的定子绕组上就产生了感应电感势，一旦发电机和外电路接通，就可供电，这样旋转的机械能又转变为电能。水电站就是为实现上述能量的连续转换而修建的水工建筑物及其所安装的水轮发电设备和附属设备的总体。

一、水电站的输出功率（或称出力）

水电站上、下游水位差称为水电站静水头，设水电站某时刻静水头为 H_0。

在时间 t 内有体积为 V 的水体经水轮机排入下游。若不考虑进出口水流动能变化和能量损失，则体积为 V 的水体在时间 t 内向水电站供给的能量等于水体所减少的位能。单位时间内水体向水电站所供给的能量称为水电站理论出力 N_t，即

$$N_t=\gamma VH_0/t=\gamma QH_0=9.81QH_0$$

式中，γ 为水的容重（γ=9.81kN/m³）；Q 为水轮机流量，m³/s，Q=V/t；H_0 为水电站上、下游水位差，称为水电站静水头，m，$H_0=Z_{上}-Z_{下}$。

水头和流量是构成水能的两个基本要素，是水电站动力特性的重要表征。实际上，在由水能到电能的转变过程中，不可避免地会产生能量损失，这种损失表现在两个方面，即一方面，在水流自上游引到下游的过程中存在引水道的水头损失；另一方面，在水轮机、发电机和传动设备中也将损失一部分能信。因此，水电站的实际出力小于由上式的理论出力。考虑引水道水头损失和水轮发电机组的效率后水电站的实际出力为

$$N=9.81\eta Q(H_0-\Delta h)=9.81\eta QH$$

式中，η 为水轮发电机组总效率；H 为水轮机的工作水头，H 的大小与设备的类型和性能、机组传动方式和机组工作状态等因素有关，同时也受设备生产和安装工艺质量的影响。在初步计算过程中可近似认为总效率 η 是一个常数。若令 $K=9.81\eta$，则式 $N=9.81\eta Q(H_0-\Delta h)=9.81\eta QH$ 可改写为

$$N=KQH$$

式中，K 为水电站出力系数，大、中型水电站 K 可取 8.0~8.5，中、小型水电站 K 可取 6.5~8.0。

二、水电站的发电量

水电站的发电量 E 是指水电站在一定时段内发出的电能总量，kW·h，对较短的时段（如日、月等）来讲，其发电量 E 可由该时段内电站的平均出力 N′ 得，即

$$E=N'T$$

对较长的时段（如季、年等）来讲，可先根据式 E=N′T 的发电量，然后再相加得到总发电量。

三、水电站动能参数

水电站动能参数是表征水电站动能规模、运行可靠程度和工程效益的指标，它包括设计保证率和保证出力、装机容量、多年平均发电量和水电站装机年利用小时数等。

（1）设计保证率和保证出力水电站。设计保证率是指水电站正常的保证程度，一般用正常发电总时段与计算期总时段比值的百分数来表示，它是根据系统中水电容量比重、水库调节性能、水电站规模及其在电力系统中的作用等因素而选定的，初步设计时可参考表 1-2 选用。保证出力则是指水电站相应于设计保证率正常发电总时段发电的平均出力。

表1-2 水电站设计保证率的选用标准（参考值）

电力系统中水电容量的比重/%	25以下	25-50	50以上
水电站设计保证率/%	80-90	90-95	95-98

（2）装机容量。装机容量是指水电站内全部机组额定出力的总和。比如某水电站6台机组，每台机组的额定出力（也称为单机容量）为1.5×10^5kW，则该电站的装机容量为9×10^5kW。

（3）多年平均发电量。多年平均发电量是指水电站各年发电量的平均值，计算时应先将应用的水文系列分为若干时段（可以是日、旬或月，视水库的调节性能和设计需要选定），然后按照天然来水量和用水量进行水库调节计算和水能计算得出逐年的发电量，最后求其平均值便可得到多年平均发电量。

（4）水电站装机年利用小时数。水电站装机年利用小时数相当于全部装机满载运行时的多年平均工作小时数，是反映设备利用程度和检验装机合理性的一个指标。将水电站的多年平均发电量除以装机容量便可得出水电站装机年利用小时数。

四、水电站的经济指标

水电站的经济指标包括水电站总投资、水电站年运行费用和水电站年效益等。

（1）水电站总投资。水电站总投资是指水电站在勘测、设计和施工安装过程中所投入资金的总和，它主要包括水工建筑物、水电站建筑物和机电设备的投资。目前习惯用单位千瓦时的投资和单位电能的投资来表示水电站投资的经济性和合理性。单位千瓦时的投资是指1kW的装机容量所需要的投资，它可由总投资除以装机容量求得。单位电能的投资是指平均一年中每发1kW·h电所需要的投资，它可由总投资除以多年平均发电量求得。

（2）水电站年运行费用。水电站年运行费用是指水电站在运行过程中每年所必须付出的各种费用的总和，它主要包括建筑物和设备每年所提存的折旧费、大修费和经常支出的生产、行政管理费及工资等。

（3）水电站年效益。水电站年效益是指水电站每年售电总收入减去年运行费用后所获得的净收益。

五、水电站的分等指标

为保证水电站工程及下游人们生命财产和经济建设的安全，也为了降低工程造价和加快建设进度，我国《水利水电工程等级划分及洪水标准》中，对以发电为主的水利枢纽工程根据其装机容量的大小将水电站划分为五等（见表1-3）。

表1-3　以发电为主的水利枢纽工程分等指标

工程等别	工程规模	水库总库容V/亿立方米	水电站装机容址P/MW
一	大（1）型	V≥10	P≥1200
二	大（2）型	1≤V≤10	300≤P<1200
三	中型	0.10≤V<1.00	50≤P<300
四	小（1）型	0.01≤V<0.10	10≤P<50
五	小（2）型	V<0.01	P<10

第三节　水电站的类型与设计总体要求

水电站的分类标准和分类方式很多。按水电站的组成建筑物及其特征的不同，可将水电站分为坝式、河床式和引水式三种基本类型。坝式水电站常修建于河流中、上游的高山峡谷中。河床式水电站常修建在河流中、下游河道较平缓处，水电站厂房位于河床内和坝共同组成挡水建筑物。引水式水电站一般修建在河流坡度大、水流湍急的山区河段。

一、小水电站设计的基本要求

我国规定装机容量 50~5MW、机组容量 15MW 以下、出线电压等级不超过 110kV 的水电站为小型水力发电站（本书以下简称电站），装机容量小于 5MW 的电站也称小型水力发电站。水电站设计包括新建、扩建和改建电站设计三方面。电站设计应在河流洞段或地区水利水电规划和地方电力规划的基础上进行，对上、下游有影响的电站进行开发时应征求相邻地区意见。电站设计必须执行国家现行的技术经济政策并根据地方水利、水电、航运、水土保持、环境保护等的要求和电力市场的需要统筹安排、因地制宜，应合理利用水资源。电站设计必须进行调查研究、勘测和试验工作以获取水文、气象、地形、地质、建材、水库淹没、移民、环境和国民经济综合利用要求等基本资料和数据。电站设计应符合国家现行的有关标准、规范和规定。

二、小水电站水文分析计算要求

小水电站设计前应进行水文分析计算。小水电站水文分析计算时应收集本流域和邻近流域的水文气象及自然地理特征资料，本流域水利水电工程开发、水土保持等人类活动影响资料，区域历史洪水调查资料以及区域水文、气象综合分析研究成果等。应对水文计算所依据的基本资料、采用的各种参数和分析计算成果进行分析检查以论证其合理性。

（1）径流计算

径流计算应提供坝址下列全部或部分径流成果，这些成果包括年、月、旬径流系列和多年平均径流量，设计代表年的年、期径流量及其年内分配，日平均流量历时曲线等。设计径流计算应根据不同的资料条件采用相应的方法。当坝址有20年以上（含插补延长）的连续径流系列资料时，可用频率计算方法直接计算设计年径流；当坝址径流资料少于20年，但上、下游或相邻流域有20年以上（含插补延长）的径流资料时，可将参证站设计径流成果按集水面积和耐量修正后移用到设计坝址上；当无前述两项资料条件时可采用区域综合方法进行设计径流的计算。设计径流断面以上流域，当人类活动影响径流时应调查分析其影响程度并进行径流的还原计算（当还原水抗资料短缺时，可通过分析直接统计受人类活动影响后的实测径流系列或按资料短缺的径流计算方法进行设计径流计算）。径流计算时段可根据设计要求选用年、期（非汛期、枯水期）等，在连续径流系列中可按由大到小顺序排列的第m项的经验频率P_m（P_m=[m/（n+1）]×100%），频率曲线的线型可采用皮尔逊用型（其统计参数可用矩法初步估算并用适线法调整确定）。采用区域综合方法进行径流计算时，应利用省级以上主管部门审定的区域降雨径流及统计参数等值线图或径流计算经验公式。对选定的年径流系列应根据区域内水文站、雨量站资料通过其长、短系列统计参数对比分析其代表性。设计代表年的月、日径流分配可选用年、期径流量经验频率接近设计频率的实测年作为典型年并用设计径流量进行修正确定（当实测资料短缺时，设计代表年的月、日径流分配可由已有的径流区域综合图表推算）。电站所在河流有特殊水文地质条件时，应分析研究其对径流设计值的影响。推求日平均流量历时曲线，可根据资料条件采用相应的方法（如用丰、平和枯三个代表年的日平均流量或平水年的日平均流量排序统计，将参证站的日平均流量历时曲线按集水面积和雨量修正移用到设计站址等）。

（2）洪水计算应根据电站设计要求提出下列三方面内容：坝（厂）址全部或部分的设计洪水成果（各设计频率的年最大洪峰流量和时段洪量，各设计频率的分期最大洪峰流量，各设计频率的年和分期洪水过程线）。当坝址上、下游附近水文站有20年以上的实测和插补洪水资料时，可采用频率分析计算方法直接推求设计洪水。当坝址上、下游附近实测洪水资料短缺时，应根据经主管部门审定的全国和省（自治区、直辖市）暴雨和产汇流区域综合研究成果及其配套的暴雨径流查算图表由设计暴雨推求设计洪水。由设计暴雨推求设计洪水时，不同历时设计暴雨量可采用设计点暴雨量和点面关系推算，设计点暴雨量可从经审定的暴雨统计参数等值线图上查算，设计暴雨的时程分配可根据区域综合雨型或典型雨型并采用不同历时设计暴雨量同频率控制放大求得（设计暴雨历时可取24h，也可根据流域面积及汇流历时确定）。由设计暴雨推求设计洪水的产流、汇流参数可从经审定的暴雨径流查算图表查算，对设计采用的产流、汇流参数应进行合理性分析。设计洪水计算采用的历史洪水可直接引用省（自治区、直辖市）刊布的历史洪水调查成果，当电站所在河流无历史洪水资料时应在坝（厂）址或其上、下游河段进行历史洪水调查。计算分期设计洪水时，分期应根据工程设计要求确定，其起讫日期应符合洪水季节变化规律，分期不得少于1个月，分期设计洪水可跨期使用。当电站上游有调节水库时，应估算区间设计洪水并将上游水库设计洪水经调节后的下泄洪水与其组合以推求受上游水库调蓄影响的坝址设计洪水。

（3）水位流量关系曲线拟定当坝（厂）址上、下游附近有水文站时，应在坝（厂）址进行水位观测和洪、枯水位调查以分析河段水面比降，经水位修正后将水文站水位流量关系移用到设计断面。坝（厂）址河段无水文站时，应根据河段纵断面图和横断面图以及调查估算的洪水、枯水水面比降采用水力学公式推算设计断面水位流量关系曲线。对拟定的水位流址关系曲线应用实测和调查的水位、流量资料等方法对其进行验证。

（4）泥沙、蒸发、冰情及其他情况分析应根据电站设计要求提出以下六方面坝（厂）址处全部或部分的泥沙成果（多年平均悬移质年输沙量和丰沙、平沙、少沙年的悬移质输沙量及其年内分配，多年平均悬移质含沙量及实测最大含沙量，悬移质泥沙颗粒级配及中值粒径、最大粒径，悬移质泥沙矿物成分及硬度，河床质颗粒级配，推移质输沙量等）。电站悬移质泥沙计算可根据不同的资料条件采用相应的方法（当坝址上、下游或流域内有泥沙测验资料时，可经面积修正后移用参证站的泥沙特征值；当电站所在流域泥沙测验资料短缺或无泥沙测验资料时，可根据邻近流域泥沙测验资料或侵蚀模数区域综合图表估算泥沙特征值）。电站水库可根据流域内或邻近地区蒸发站资料（或蒸发好区域综合图表）计算多年平均水面蒸发量及其年内分配。对有冰情的设计河段应提供河段的封冻和解冻时的河流形势（如岸冰出现、流凌出现、全河封冻及融冰等最早、最迟日期，封冻冰厚、流冰大小，冰塞和冰坝发生时间、地点及规模等）。

三、小水电站经济评价原则

小水电站经济评价应包括财务评价和国民经济评价两方面内容。经济评价应遵循费用与效益计算口径对应一致原则，应顾及资金的时间价值，应以动态分析为主（并辅以静态分析）。小水电站财务评价应以财务内部收益率及上网电价为主要指标，以财务净现值、投资利润率、投资利税率及静态投资回收期为辅助指标。小水电站财务内部收益率不小于财务基准收益率或计算的财务净现值大于零且上网电价能为市场接受时其财务评价应为可行。小水电站国民经济评价应以经济内部收益率为主要指标，经济净现值及效益费用比为辅助指标。小水电站经济内部收益率不小于社会折现率或经济净现值不小于零时，其国民经济评价应为可行。小水电站经济评价应进行不确定性分析并宜以敏感性分析为主。在小水电站财务评价和国民经济评价时，还应结合淹没、单位千瓦投资和单位电能投资等指标以及电站的社会效益、环境效益等进行综合评价。

四、小水电站工程概（估）算

小水电站设计概（估）算应根据国家现行经济政策、设计文件及工程所在地区的建设条件编制。编制的设计概（估）算应全面反映设计内容并合理选用定额、标准、费率和价格以保证设计概（估）算质量，应根据工程资金来源和需要编制内资概（估）算或内外资概（估）算，应按照国家现行的有关标准的规定及编制年的价格水平编制设计概（估）算。小水电站设计概（估）算的编制依据应根据其隶属关系选择（中央项目应执行中央部委的规定，地方项目应执行各省、自治区、直辖市及计划单列市的规定）。

五、小水电站工程管理的基本要求

小水电站应根据国家现行有关规定和业主要求确定管理机构的体制、机构设置和人员编制，机构设置和人员编制应贯彻“精简、统一、效能”的原则，管理机构宜在就近城镇选址。小水电站应根据国家有关法规及地方管理有关条例结合当地自然地理条件、土地利用情况和工程特点确定工程的管理范围和保护范围，小水电站工程管理范围应根据永久建筑物和设施的平面布置以及管理、运行设施和管理单位的生产、生活和文化福利设施的占地确定，工程保护范围应根据工程具体情况、安全运行要求结合当地条件按国家现行有关规定确定。小水电站应按照有利生产、方便管理、经济适用的原则确定各类生产、生活设施的建设项目、规模和建筑标准，应通过总体规划和建筑布局确定生产、生活面积和环境绿化美化设施并拟定出总体规划平面图，位于城郊和风景名胜区的电站其生产、生活设施宜与周围环境相协调。应根据电站的特点及在电网中的作用拟定工程调度管理运用方案，应根据工程各建筑物和设施的设计条件提出相应的操作运用和维护检修的技术要求，应根据工程观测项目及观测设施的特点提出观测方法和资料整理分析的技术要求，应根据工程财务评价经济指标拟定水费、电费的计收标准。

六、小水电站的环境保护原则

小水电站建设应按国家现行有关法规和标准进行环境影响评价，应根据电站对环境影响程度编制环境影响报告书或环境影响报告表（或填报环境影响登记表）。小水电站环境影响评价应包括工程分析、环境现状调查、环境影响识别、环境影响预测评价、环境保护措施拟定和投资估算等。进行小水电站环境影响评价时，应通过工程分析和环境现状调查对识别、筛选出的主要环境问题进行重点评价。小水电站环境影响预测方法宜采用类比调查法或专业判断法（也可采用数学模型法）。应通过环境影响预测评价对不利影响拟定对策措施并进行环境保护投资估算。应按环境影响报告书（表）及其审批意见中确定的各项环境保护措施进行环境保护设计，编制环境保护设施的投资概算。

七、小水电站水库淹没处理及工程占地规定

小水电站水库淹没处理范围应包括水库经常淹没区、临时淹没区以及因淹没而引起的浸没、坍岸、滑坡和其他受水库蓄水影响的地域。水库淹没处理设计洪水标准应根据不同淹没对象按表 1-6 的规定取值（表 1-4 中未列的非牧区的牧草地应采用正常蓄水位，林地应高于正常蓄水位 0.5m，铁路、公路、电力及电信线路、文物古迹、水利设施等洪水设计标准应按国家现行有关标准的规定并会同有关部门协商确定。在水库淹没区采取防护工程措施时其设计洪水标准应根据防护对象的重要性按照国家现行有关标准的规定执行）。水库河水淹没范围的确定应以坝址以上天然洪水与建库后汛期和非汛期同一频率的洪水回水位所组成的外包线为依据。若汛期降低水库水位运行，库前段回水位低于正常蓄水位时应采用正常蓄水位高程。水库网水末端设计终点位置，在回水曲线不高于同频率天然洪水水面线 0.3m 范围内可采用与同频率天然水面线水平封闭或垂直封闭。水库洪水回水位应顾及 10~20 年的泥沙淤积影响。居民迁移和土地征用界线应综合分析水库淹没、浸没、风浪、冰塞壅水、滑坡和坍岸等影响确定，在回水影响小的库段居民迁移线应高于正常蓄水位 1.0m（土地征用界线应高于正常蓄水位 0.5m）。

表1–4　水库淹没对象设计洪水标准

淹没对象	洪水标准（重现期）/年
耕地、园地、牧区的牧草地	2~5
农民居民点、集镇、乡镇企业	10~20

水库淹没实物指标调查范围应包括水库淹没区和影响区，其调查内容应为水库淹没对象和受影响的对象的实物指标，在水库淹没调查时还应收集水库淹没影响涉及地区的社会经济现状资料和国民经济发展计划。水库淹没实物指标调查统计可分为农村、集镇、乡镇企业和专业项目等，其调查要求、方法及精度可参照国家现行有关标准的规定执行。

在编制农村移民安置规划时，应收集移民安置区的水文气象、地形、地质、水土资源、环境现状、人文历史和社会经济等基本资料，编制农村移民安置规划应以编制规划的当年为基准年（以水库下闸蓄水的当年作为规划水平年），编制农村移民安置规划时应以水库淹没调查实物指标为基础分析确定生产安置和搬迁安置人口数量（人口数量应顾及基准年到规划水平年期间的自然增长人口），农村移民安置规划应贯彻开发性移民方针并采取以土地安置与非土地安置相结合的安置方式，在进行农村移民安置区的选择时应分析移民环境容量、自然和社会经济条件、生活及风俗习惯等基本情况，农村移民安置规划应在方案比较的基础上经综合分析论证后确定推荐方案并应对安置区的基础设施进行规划设计。

集镇迁建应会同地方人民政府提出防护、迁建或撤销、合并的意见，集镇的撤销、合并或易地迁建应报上级人民政府审批，集镇迁建方案还应符合《村镇规划标准》（GB 50188）的有关规定。受淹的乡镇企业迁（改）建应根据受淹影响程度结合地区产业结构及环境保护要求初步确定迁（改）建方案。受淹的专业项目需迁（改）建应按原规模、原标准或恢复原功能的原则根据国家现行的有关标准规定初步确定迁(改)建方案，不需要迁（改）建或难以迁（改）建的应根据淹没影响程度按有关规定给予补偿。

对水库淹没区内成片耕地、集中居民区或重要的淹没对象，凡具备防护条件且技术经济合理的应采取防护工程措施（确定防护工程应进行多方案比较），防护工程的防洪标准对集镇可采用10~20年一遇洪水、农田可采用5~10年一遇洪水，重要集镇的防洪标准可适当提高。防护区内排涝标准的设计暴雨重现期，在旱作区的农田和农村居民点可采用5~10年一遇暴雨1~3d排干，在水稻区可采用3~5年一遇暴雨3~5d排干。

小水电站库底清理范围与对象应根据水库运行方式和各项事业发展的要求确定，库底清理应与水库移民搬迁同时进行并应在水库蓄水前完成。库底清理的技术要求应按国家现行有关标准的规定执行。

水库淹没处理补偿投资计算应遵循以下四方面原则：①征用土地补偿和安置补助标准应符合国家和省、自治区、直辖市所颁布的现行的有关条例规定；②农村移民安置和集镇、乡镇企业、专业项目迁（改）建按原规模、原标准、恢复原功能的原则计算其所需的补偿投资，对不需要或难以迁（改）建的淹没对象可给予拆卸费、运输费或补偿；③投资补偿单价、标准、定额应根据当时国家政策、物价水平并结合当地实际情况制定，各种费率可按国家有关规定取值；④水库淹没处理补偿投资概（估）算水平年应与枢纽工程概算编制年相同。补偿投资概（估）算可由以下几部分构成：农村移民安置补偿费、集镇迁建补偿费、乡镇企业迁（改）建补偿费、专业项目迁（改）建补偿费、防护工程费、库底清理费、其他费用(主要包括勘测规划设计费、实施管理费、技术培训费和监理费等)、预备费（包括基本预备费和价差预备费建设期贷款利息）、有关税费。

小水电站工程占地应包括永久占地和临时占地。工程占地的实物指标应按工程设计所确定的范围分别按永久占地和临时占地进行调查统计。工程永久占地应采用水库淹没处理的征地标准，施工临时占地应根据占用的时间和被占土地复种条件按临时补偿或征用处理。工程永久占地的补偿投资概（估）算可按相关规定执行并可计列入临时工程占地的青苗补偿费。

八、小水电站消防的基本要求

小水电站的消防设计应贯彻“预防为主、防消结合、自防自救”的方针，应防止和减少火灾危害。小水电站的消防设计应符合国家或行业现行有关标准的规定。小水电站的生产及非生产建筑物、构筑物均应按国家现行有关标准的规定划分其危险性分类及耐火等级。小水电站厂区内设有消防车道时，其车道宽应不小于 3.5m 并宜与厂内交通道路合用。主厂房和高度在 24m 以下的副厂房应划分为一个防火分区。厂房的安全疏散通道应不少于 2 个。发电机层室内最远点到最近疏散出口距离应不超过 60m。单台油容量超过 1000kg 的油浸主变压器及其他充油设备应设贮油坑和公共贮油池，单台室内油容量超过 100kg 的厂用变压器及其他充油设备应设贮油坑或挡油槛。电力电缆及控制电缆应分层敷设（对非阻燃性分层敷设的电缆层间应采用耐火极限不小于 0.5h 的隔板分隔）。电缆隧道及沟道的下列部位应设置防火分隔设施（这些部位包括穿越厂房外墙处，穿越控制室、配电装置室处，电力电缆及控制电缆隧道每隔 150m 处，电缆沟道每隔 200m 处，电缆分支接引处等）。小水电站厂区的水轮发电机、油罐室和油浸主变压器等部位应设置固定灭火装置。小水电站厂房应设排烟或消烟设施并宜与厂内通风系统相结合。小水电站厂区消防给水水源可采用天然水源力流、专用消防水池和消防水泵供水等，消防给水可与生活、生产供水系统合并（其供水水质、水压和水量应满足消防给水的要求）。小水电站主、副厂房及油罐室、升压开关站均应设置消火栓。小水电站消防设备的供电应按二级负荷供应并应采用单独的供电网路。小水电站厂房的主要疏散通道、封闭楼梯间、消防电梯主要出口和消防水泵房等部位应设置事故照明及疏散标志。小水电站火灾探测器宜带火灾报警信号装置。小水电站消防控制设备宜设在中央控制室内（采用消防水泵供水时，应在消火栓箱中设有消防水泵启动设施）。

九、小水电站电气系统的基本要求

小水电站电气设计应根据电站特性和电力系统要求确定送电点、输送电压、出线网路数、输送容量（包括穿越功率）、运行方式及其与电网的连接形式。电站与电力系统连接的输送电压宜采用一级电压（110kv 的出线 1 可路数不宜超过 2 回，35kV 的出线回路数不宜超过 4 回）。梯级电站或电站群宜设置联合开关站（经技术经济论证后也可设置联合升压站）。

小水电站电气主接线应根据电站在电力系统中的地位、枢纽布置和设备特点等因素确定，并应满足运行可靠、接线简单、操作维修方便和节省工程投资等要求，当电站分期建设时接线应便于过渡。电站升高电压侧接线宜选用单母线或单母线分段、变压器 - 线路组、桥形和角形接线方式。发电机电压侧接线可选用单元或扩大单元接线、单母线或单母线分段接线。电站主变压器应采用三相式（其容量可按与其连接的发电机容量选择。当发电机电压母线上连接有近区负荷时可扣除近区最小负荷选择主变压器容量，当主变压器有穿越功率通过时主变压器容量还应加上最大穿越功率）。当需通过电网倒送厂用电时其单元接线的发电机出口处应装设断路器，三圈变压器的低压侧应装设断路器。

小水电站的厂用电电源宜由发电机电压母线或单元分支线接出（也可从35kV电压母线或出线上供电），厂用变压器不应超过2台（装设2台厂用变压器时，其中1台变压器可与外来电源连接）。厂用变压器宜采用干式变压器，其容量选择应符合相关规定：装设1台变压器时容量必须满足最大计算负荷，装设2台变压器时若其中1台检修或出现故障则另1台应能担负电站正常运行时的厂用电负荷或短时最大负荷，计算小水电站的厂用电负荷时应顾及负荷率和网损率并应校验电动机自启动负荷。小水电站厂用变压器的高压侧宜装设断路器。小水电站厂用电的电压应采用380V/220V、三相四线制系统（装设2台厂用变压器时厂用电母线宜采用单母线或单母线分段接线）。小水电站坝区用电可由专设的坝区用电变压器或由厂用电直接供电，泄洪设施的供电应有2个独立的电源。

小水电站应有完善的过电压保护及接地装置。室外配电装置和露天油罐等应装设直击雷过电压保护（直击雷过电压保护装置可采用避雷针、避雷线）。小水电站厂房顶上和35kV及以下高压配电装置的构架上不应装设避雷针，在变压器的门形构架上也不得装设避雷针。1kV以下中性点直接接地的配电网络中其电力设备的金属外壳宜采用低压接零保护。接地装置设计应利用下列自然接地体（这些自然接地体包括常年与水接触的钢筋混凝土水上建筑物的表层钢筋，压力钢管及闸门、拦污栅的金属埋设件，留在地下或水中的金属体），除利用自然接地体外还应设置人工接地网。自然接地体与人工接地网的连接应不少于两点且其连接处应设接地电阻测量井。在大接地短路电流系统中电力设备的接地电阻值应不大于0.5，在小接地短路电流系统中应不大于40，独立的避雷针（线）宜装设独立的接地装置，在高土壤电阻率地区可与主接地网连接（地中连接导线的K度不得小于15m）。

小水电站工作照明和事故照明的供电网络应分开设置（工作照明应由厂用电系统供电，当交流电源全部消失后事故照明可由蓄电池组或其他电源供电）。工作照明发生故障中断后仍需继续工作的场所和主要通道应装设事故照明（室外配电装置可不装设事故照明）。小水电站工作照明和事故照明最低的照度标准及照明安全措施可参照国家现行有关标准的规定。

小水电站厂内外主要电气设备布置应合理。升压变电站宜靠近厂房（开关站和主变压器分开布置时，其主变压器应设在发电机电压配电装置室附近）。6kV及以上户内高压配电装置应看防止小动物入侵的措施。35kV配电装置宜采用户内式布置，110kV配电装置宜采用户外式布置（但在污秽地区或地形条件受到限制时，经过技术经济比较后110kV配电装置可采用户内式布置；110kV配电装置也可采用封闭式组合电器）。电站中央控制室应按电站的自动化控制方式设置，中央控制室面积应根据控制屏（台）的数量、布置要求和布置形式确定。

小水电站的电缆选型及敷设应符合规定。小水电站电力电缆直选用全塑阻燃电缆，高压电力电缆宜选用阻燃交联聚乙烯绝缘电力电缆，易受机械损伤的场所应采用全塑阻燃铠装电缆。小水电站控制电缆宜采用铜芯全塑阻燃电缆（有抗电磁干扰要求时，应采用屏蔽阻燃电缆或对绞屏蔽阻燃电缆）。小水电站电力电缆与控制电缆宜分开敷设，当敷设在同一侧或同一电缆托架（桥架）上时，控制电缆宜敷设在电力电缆的下方。小水电站埋地电缆的埋设深度不宜小于 700mm（当冻土层厚度超过 700mm 时，应采取防止电缆损坏的措施）。小水电站电缆竖井的上、下两端以及电缆穿越墙体、屏柜和楼板等孔洞处应采用非燃烧材料封堵。对未采用阻燃电缆的电站，其进出屏柜接头处 2~3m 范围内应对电缆外层涂防火涂料。

小水电站的继电保护及系统安全自动装置应可靠。电力设备和线路应装设主保护和后备保护装置（当主保护装置或断路器拒动时，应由元件本身的后备保护或相邻元件的保护装置切除故障）。继电保护装置应由可靠元件构成并应满足可靠性、选择性、灵敏性和快速性的要求（保护装置的时限级差可取 0.5~0.7s，当采用微机继电保护装置时可取 0.3~0.5s）。配置各类保护装置的电流互感器应满足消除保护死角和减小电流互感器本身故障所产生的影响的要求。保护装置用电流互感器（包括中间电流互感器）的稳态误差应不大于 10%，保护装置和测量仪表用的电流互感器不宜共用一组二次线圈（若共用则仪表回路应通过中间电流互感器连接）。若电压互感器二次回路断线或其他故障会使保护装置误动作时，应装设断线闭锁装置并发出信号，若二次回路断线不会导致保护装置误动作则可只装设电压回路断线信号装置。保护装置回路内应设置指示信号并能分别显示各保护装置的动作状况。装有断路器的 110kv 和 35kV 线路可装设自动重合闸装置。有 2 台厂用变压器的电站应装设厂用电备用电源自动投入装置。

小水电站的自动控制系统应优质可靠。水轮发电机组及其附属设备的控制应按机组自动化规定进行设计并应符合相关规定，即以一个命令脉冲完成水轮发电机组的启动或停机，水轮发电机组能自动调节有功功率和无功功率，机组附属设备、技术供排水系统及压缩空气系统等能够自动和现地手动控制。水轮机液压或电动操作的进水阀或快速闸门控制应包括在机组自动操作范围内并能够现场进行操作（当机组发生紧急事故时应自动关闭进水阀或快速闸门）。装机容量在 10MW 及以上的电站可采用计算机监控系统。按集中控制设计的梯级水电站或水电站群各被控水电站可按无人值班（少人值守）的控制方式设计。发电机宜采用晶闸管励磁系统。发电机自动励磁调节器应满足相关要求：当电力系统发生故障而电压降低时应强行励磁，为限制水轮发电机转速升高引起的过电压应强行减磁。发电机应装设自动灭磁装置。当小水电站设有中央控制室时，其进水阀或快速闸门、水轮发电机组、变压器、110kV 线路和 35kV 线路、近区的坝区的厂变高压侧断路器、直流系统等控制设备应在中央控制室内进行控制。中央音响信号系统应装设中央复归和重复动作的信号装置，采用计算机监控系统时中央音响信号宜由计算机系统完成。小水电站应装设带有非同步闭锁的手动准同步装置和自动准同步装置（采用计算机监控系统时宜采用专功能同步装置）。发电机出口、发电机 - 变压器组单元接线高压侧、对侧有电源的线路和母线分段等处的断路器应能够进行同步操作。

小水电站的电气测量仪表装置应灵敏、优质。电站配置的电气测量仪表应符合国家现行有关标准的规定。采用计算机监控系统的电站其电气测量仪表的配置应简化（有遥测要求时宜由计算机监控系统转送）。有分时计费要求的应设分时电能计量装置。

小水电站的操作电源应符合相关规定。电站的操作电源应采用蓄电池直流电源装置，蓄电池应只装设1组并应按浮充电方式运行。操作电源电压宜采用220V、110V。蓄电池容量应满足全厂事故停电时的用电容量和最大冲击负荷的容量。事故停电时间可按0.5h计算，无人值班（少人值守）的小水电站可按1h计算。蓄电池宜采用阀控式蓄电池，蓄电池的充电及浮充电宜采用1套整流装置，蓄电池组充电电源回路应设相应的电源指示。直流装置应具有自动完成充放电控制、电池容量及电压检测、绝缘监测及故障报警等功能。

小水电站的通信系统应符合相关规定。电站应设有厂内通信设施，生产调度通信和行政通信可合用一台程控调度总机，对外通信可向当地电信部门申请中继线。程控调度总机的容量可根据电站装机容量和自动控制方式在60~200门之间选取。通信设备电源可由厂用交流电源供电并应有可靠的事故备用电源（备用电源可由厂内直流电源经逆变供电）。

小水电站电工修理及电气试验体系应完善。电站应设置专用的电工修理间并按其规模和集中管理的要求配置电工修理工具和设备。装机容量10Mw及以上的电站应设电气实验室，装机容量小于10MW的电站可配置简易电气实验室。集中管理的梯级水电站和水电站群宜设置集中的电气中心实验室，电气实验室仪器仪表设备的配置标准可根据现行等级分类标准执行（有计算机监控系统的电站可适当增加专用仪器仪表）。

十、小水电站水力机械及采暖通风的基本要求

（1）水轮发电机组的选择

小水电站水轮机形式、容量和台数的选择应根据枢纽布置、电站工作水头范围、运行方式、电站效益、工程投资和运输条件经技术经济比较后确定。应根据选定的额定水头、泥沙、水质和转轮特性确定转轮型号、直径、转速、出力、效率和吸出高度等主要目标参数（也可直接采用制造厂推荐的参数）。转桨式水轮机的飞逸转速应取在运行水头范围内水轮机导叶和转轮叶片协联工况下飞逸转递的最大值（其他形式水轮机的飞逸转速应按电站最大净水头和水轮机导叶的最大可能开度确定）。机组安装高程应根据水轮机各种工况下允许吸出高度值和相应尾水位确定。装机多于2台时应满足1台机组在各种水头下最大出力运行时的吸出高度和相应尾水位的要求，装机1~2台时应满足1台机组在各种水头下50%最大出力运行时的吸出高度和相应尾水位的要求，灯泡贯流式机组宜根据电站水头、流量、出力和转轮空蚀系数的实际组合工况进行计算确定并应满足尾水管出口顶部淹没0.5m以上的要求，冲击式水轮机的安装高程应满足排空和0.2~0.3m

的通气高度要求；立轴式水轮机尾水管出口顶缘应低于最低尾水位 0.5m（卧轴式水轮机尾水管出口的淹没水深应大于 0.3m）。水轮机蜗壳和尾水管可采用制造厂推荐的形式和尺寸，肘形尾水管扩散段底板与水平面夹角应为 0°~12°，立轴式水轮机尾水锥管部分应设置金属里衬，肘管部分也可设置金属里衬。发电机形式应按现行系列配套选择，发电机参数的选择应满足电力系统、电站运行工况的要求并经技术经济比较确定。

（2）调速系统和调节保证

计算小水电站每台机组应设置一套包括调速器、油压装置等附属设备组成的调速系统。应根据电力系统的要求和水轮机输水系统的特性进行水轮机调节保证计算并满足相关要求。这些要求是：蜗壳最大压力值应在额定水头和最高水头两种情况下按额定出力电负荷的条件进行计算；水轮机蜗壳最大允许压力上升率应符合要求（额定水头在 40rn 以下不得大于 70%，额定水头在 40~100m 之间不得大于 50%，额定水头在 100m 以上应小于 30%）；机组额定出力电全负荷时最大转速上升率不宜大于 50%；机组容量占电力系统容量比重小时其机组额定出力电负荷时最大转速上升率允许达到 50%~60%（超过时应进行专门论证）。当压力上升率和转速上升率不能满足设计要求时可采取相关技术措施。这些措施包括：改变导水叶关闭规律，改变输水管道尺寸，增加发电机飞轮力矩，设置调压井或调压阀等。

（3）技术供、排水系统

小水电站技术供水方式应根据电站的工作水头范围确定。工作水头小于 15m 时宜采用水泵供水，15~100m 时宜采用自流减压或射流泵及顶盖取水供水，大于 120m 时宜采用水泵供水（也可采用减压供水）。若电站工作水头范围不宜采用单一供水方式则可采用混合供水方式并应经技术经济比较后确定不同供水方式的分界水头。技术洪水系统应有可靠水源（可从上游、下游及外来水源取水，取水口不应少于 2 个，每个取水口应保证通过设计流量），水轮机轴承润滑用水、主轴密封用水的备用水源应能自动投入。采用水泵供水方式时应设置备用水泵（当 1 组水泵中任何 1 台发生故障时备用水泵应能自动投入运转），技术供水系统应设置滤水器（滤水器清污时系统供水不应中断，供水系统水中含沙量大时应论证是否设置沉沙、排沙设施。轴承润滑水、主轴密封用水的水质应满足机组用水要求），机组检修排水和厂内渗漏排水宜分别设置排水泵。机组检修排水泵应设 2 台，其总排水量应能保证在 4~6h 内排除 1 台水轮机过水部件和输水管道内的积水以及上、下游闸门的漏水。每台水泵的出水流量应大于上、下游闸门的总漏水流量。厂内渗漏集水井排水泵应不少于 2 台（其中 1 台备用），排水泵应能随集水井水位变化自动运转并应能在水位超过警戒水位时及时报警。厂区室外排水应自成系统（不得将其引入厂内集水井或集水廊道）。

（4）压缩空气系统

小水电站厂房内可设置中压和低压空气压缩系统，其规模可按设计要求的空气量、工作压力和相对湿度确定。供油压装置油罐充气的中压空气小缩系统的压力应根据油压装置的额定工作压力确定。其空气压缩机宜为 2 台，1 台工作，1 台备用，并应设置贮气罐。空气压缩机的容量可按全部压缩机同时工作在 1~2h 内将一个压力油罐的空气压力从常压充到额定压力的要求确定。贮气罐的容积可按压力油罐的运行补气量确定。贮气罐额定工作压力宜高于压力油罐额定工作压力 0.2~0.3MPa。供机组制动、检修维护和蝴蝶阀、水轮机主轴围带密封用的低压空气压缩系统的压力应为 0.7~0.8MPa。当低压空气压缩系统不能满足蝴蝶阀围带充气要求时可用中压空气压缩系统减压供给，机组制动用气贮气罐的总容积应按同时制动的机组台数的总耗气量确定，空气压缩机的容量应按同时制动的机组耗气量和恢复贮气罐工作压力的时间确定，恢复贮气罐工作压力的时间可取 10~15min，机组制动用气应有备用空气压缩机或其他备用气源。当机组需采用充气压水方式进行调相运行时其充气用空气压缩机可与机组制动用空气本缩机共用，其容量应按调相压水的用气量确定（但调相供气管路和贮气罐应与机组制动用气系统分开），调相用贮气罐容积应根据 1 台机组调相时初次压低转轮室水位所需用的空气量确定（调相用空气压缩机的总容量应按 1 台机组首次压水后恢复贮气罐工作压力的时间及已投入调相运行的机组总漏气量确定。恢复贮气罐工作压力的时间可取 15~45min）。

（5）油系统

小水电站可设置透平油系统和绝缘油系统，其设备、管路应分开设置并满足贮油、输油和油净化等要求。透平油和绝缘油油罐的容积应满足贮油、检修换油和油净化等要求，透平油罐的容积宜为容量最大的 1 台机组用油量的 110%，绝缘油罐的容积宜为容量最大的 1 台主变压器用油填的 110%。油净化设备应包括油泵和滤油机，其品种、容量和台数可根据电站用油量确定。电站油系统宜设置简化油化验设备，梯级水电站或水电站群宜设置中心油务系统，中心油务系统应设置贮油、油净化设备和油化验设备。

（6）水力监视测量系统

小水电站水力监视测量系统应满足水轮发电机组安全、经济运行的要求，其监视测量项目应根据电站的水轮机形式和自动化水平确定（采用计算机监控的电站还应满足计算机监控的要求）。小水电站应分别设置上游水位、下游水位、水轮机工作水头、水轮机过流段压力、拦污栅前后水位差等参数的测量仪表，对容量大的电站应增设水库水温、机组冷却水温、机组过流流量、机组效率、机组振动、机组轴摆度等测量仪表。

（7）采暖通风

小水电站的采暖通风方式应根据当地气象条件、厂房形式及各生产场所对空气参数的要求确定。地面式厂房的主机间、安装场和副厂房的通风方式宜采用自然通风（当自然通风达不到室内空气参数要求时，可采用自然与机械联合通风、机械通风、局部空气调节等方式），主厂房发电机层以下各层可采用自然进风和机械排风的通风方式。封闭式厂房可利用孔洞采用自然进风和机械排风的通风方式，当室内空气参数不能满足通风要求时可采用空气调节装置。发电机采用管道式通风时其热风应引至厂房外并不得返回厂内。油罐室的换气次数应不少于 3 次 /h，油处理室和蓄电池室的换气次数应不少于 6 次 /h，室内空气严禁循环使用。油罐室、油处理室和蓄电池室应分别设置单独的通风系统，通风系统的排风口应高出屋顶 1.5m。开关室换气次数应为 8 次 /h，吸风口应设置在房间下部。主、副厂房的室内温度低于 5℃时应设置采暖装置并应满足消防要求。

（8）主厂房起重机

小水电站主厂房应设置起重机，起重机的额定起重量应按吊运最重件和起吊工具的总重量并参照起重机系列的标准起重量确定。起重机的跨度可按起重机标准跨度选取，起重机的提升高度和速度应满足机组安装和检修的要求。起重机应选用轻级工作制（但制动器的电气设备应采用中级工作制）。

（9）水力机械布置

小水电站水力机械设备和电气设备宜分区布置。主厂房机组段的长度和宽度应根据机组及流道、调速器、油压装置、进水阀、电气盘柜等尺寸并结合安装、检修、运行、交通及土建设计等要求确定，边机组段长度还应满足起重机吊运部件和进水阀所需尺寸的要求。主厂房净空高度应满足相关要求：立轴发电机转子应连轴整体吊运；轴流式水轮机应连轴套装及整体吊运；主变压器应进厂检修；灯泡贯流式机组应外配水环等部件翻身；起重机吊运部件与固定物之间的距离在铅直方向应不小于 0.3m，在水平方向应不小于 4m。安装场的面积应根据 1 台机组扩大性检修的需要确定，机组主要部件应布置在起重机吊钩工作范围线之内并应满足相关要求，满足安装及大修过程中吊运大件次序的要求；满足机组大件之间、机组大件与墙（柱）和固定设备之间的净距为 0.8~1.0m，满足车辆进厂装卸需要。安装场高程宜与发电机层高程一致，其宽度应与机组段宽度一致，其长度可按 1.5~2.0 倍机组长度初选。油罐室和油处理室应根据厂区的总体设计、气象条件和消防要求布置，透平油室宜设在厂房内，绝缘油罐宜设在厂房外，油处理室应布置在油罐室附近。其他辅助机械的布置应便于设备的安装、运行及检修维护。

（10）机修设备

小水电站机修设备应根据机电设备检修内容、对外交通、外厂协作加工条件等因素配置。机修车间宜设在靠近主厂房且交通方便的地方。梯级水电站和水电站群宜设置中心修配厂。

十一、小水电站金属结构的基本要求

（1）小型水电站对金属结构的总体要求

小水电站的工作闸门、事故闸门和检修闸门孔口尺寸和设计水头系列应符合国家现行有关标准的规定，其闸门形式应根据闸门运行要求，闸孔位置，尺寸及上、下游水位，操作水头，水文，泥沙及污物情况，启闭机形式及容量，制造安装技术及工艺、材料供应以及维护检修等条件经技术经济比较后确定。两道闸门之间或闸门与拦污栅之间的最小净距应满足门槽混凝土强度与抗渗、启闭机布置与运行、闸门安装与维修和水力学条件等因素的要求且不宜小于 1.5m。潜孔式闸门门后不能充分通气时应在紧靠闸门下游孔口的顶部设置通气孔（其顶端应与肩闭机室分开并高出校核洪水位，孔口应设置防护设施。通气孔面积对引水发电管道的快速闸门或事故闸门可按管道面积的 5% 选用，对泄水管道的工作闸门或事故闸门可按泄水管道面积的 10% 选用，对检修闸门可选用大于或等于充水管的面积）。小水电站闸门的工作性质和操作运行要求快速闸门、事故闸门和检修闸门均宜设置平压设施（若采用充水阀平压则其操作应和闸门启闭机联动并应在启闭机上设置小升度的行程开关）。露顶式工作闸门顶部应有 0.3~0.5m 的超高值（该超高不得作为水库调蓄或超蓄之用）。小水电站闸门、拦污栅及其附属设备应根据水质、运行条件、设置部位和结构型式采取防腐蚀措施。小水电站闸门不得承受冰的静压力，防止冰静压力的措施应根据当地气温、日照及水库（前池）水位变幅等条件分别选用潜水电泵、压缩空气泡、开凿冰沟或其他保温方法。根据闸门、拦污栅和后闭机的正常运行和维修要求宜设置后闭机室、保护罩、检修室或检修平台、门库或存放槽等设施。闸门的启闭设备应根据闸门形式、尺寸、孔数及操作运行要求等条件通过技术经济比较分别选用螺杆式、固定卷扬式、台车式、门式或液压式启闭机（其主要技术参数应符合国家现行启闭机系列标准）。

（2）泄水闸门及启闭设备在泄洪道、堰闸工作闸门的上游侧宜设置检修闸门（对于重要工程也可设置事故闸门。当库水位低于闸门底槛的连续时间能满足检修要求时可不设置检修闸门，当下游水位经常淹没底槛时应研究设置下游检修闸门的必要性。在设置检修闸门时，10 孔以内可设 1~2 扇，超过 10 孔宜增加。检修闸门的形式可选用平面闸门、叠梁、浮式叠梁和浮箱等）。在泄水孔工作闸门的上游侧应设置事故闸门，对高水头长泄水孔还应研究在事故闸门前设检修闸门的必要性。泄水孔工作闸门的门后宜保持明流。泄水孔的工作闸门可选用弧形闸门、平面闸门或其他形式的闸门（阀），采用弧形闸门时应择优选用止水结构和形式，采用平面闸门时还应选用合适的门槽形式，弧形闸门的支铰宜布置在过流时不受水流及漂浮物冲击的高程上，在泄水建筑物出口处采用锥形阀时应防止喷射水雾对附近建筑物的影响。排沙孔闸门宜设置在进口段且应采用上游面板和上游止水，门槽和水道边界宜光滑平整并选用抗磨材料加以防护，排沙孔工作闸门布置在出口处时除孔道应选用抗磨材料防护外，平时还宜将设在进口处的事故闸门关闭以挡沙。施工导流孔闸门及其门槽应满足施工期和初期发电的各种运行工况要求，经分析论证后导流孔闸门也可与永久性闸门共用。对于低水头弧形闸门应保证其支臂动力稳定性。若多孔数的泄洪工作闸门需要在短时间内全部开启或均匀泄水时宜选用固定式启闭机操作，启闭机应采用双回路供电，经论证后也可设置备用动力。

（3）引水发电系统闸门、拦污栅及启闭设备

当机组或压力输水管道要求闸门做事故保护时其坝后式电站进口和引水式电站压力管道进口应设快速闸门和检修闸门，对长引水道的引水式电站还宜在引水道进口处设置事故闸门，河床式电站当机组有防飞逸装置时其进水口宜设置事故闸门和检修闸门，虹吸式进水口应在虹吸管顶部装设补气阀。快速闸门的关闭时间应满足对机组或压力管道的保护要求（其下降速度在接近底槛时不宜大于 5m/min），快速闸门启闭机应能就地操作和远方操作并应采用双向路供电的操作电源和开度指示控制器。坝后式和河床式水电站的进水口检修闸门 4 台机组以内可设置一扇（4 台机组以上可增加），其启闭设备宜选用移动式启闭机，在枢纽布置允许时可与泄水系统检修闸门共用启闭机。调压室中的闸门应研究涌浪对闸门停放和运行的影响。尾水检修闸门宜采用平面滑动闸门或叠梁闸门，闸门数量应根据孔口数量、机组安装和调试、施工条件等因素并经技术经济比较后确定（4 台机组以内时尾水检修闸门可设置 1~2 扇），其启闭设备宜选用移动式启闭机。贯流式机组的进水口应设置检修闸门（或事故闸门），尾水出口应设置事故闸门（或检修闸门），拦污栅设计应采取措施减少过栅水头损失。进水口应设置拦污栅，拦污栅清污设施的布置和选型应根据河流中污物的性质、数量以及对清污等的要求确定（在污物少时可设置一道拦污栅，在污物多时除应设置排污和导漂设施外还宜设置两道拦污栅）。拦污栅的设计应满足结构强度和稳定要求，其荷载应根据污物种类、数量及清污措施等条件采用 2~4m 水位差。低水头电站进水口宜装设监测拦污栅前后水位差的压差测量及报警装置。拦污栅宜为活动式并设置启闭拦污栅的机械设备，当拦污栅倾斜布置时其倾斜角应结合水工建筑物的布置情况确定。低水头电站进水口倾斜布置的拦污栅若需设置清污机，可选用耙斗式或回转式清污机（当然也可采用回转栅式清污机）。

第四节　构成水电站的主要建筑物及基本设计要求

水电站枢纽通常由一般水工建筑物和特有水电站建筑物组成，主要包括挡水建筑物、泄水建筑物、水电站进水建筑物、水电站引水建筑物、水电站平水建筑物、厂房枢纽建筑物、其他建筑物等。挡水建筑物的作用是截断河流、集中落差、形成水库，一般为坝或闸。泄水建筑物的作用是下泄多余的洪水（或放水以供下游使用，或放水以降低水库水位等），如溢洪道、泄洪隧洞、放水底孔等。水电站进水建筑物的作用是按水电站发电要求将水引进引水道。水电站引水建筑物的作用是将发电用水由进水建筑物输送给水轮发电机组并将发电用过的水流排向下游，如明渠、隧洞、管道等。水电站平水建筑物的作用是当水电站负荷变化时用以平稳引水、控制建筑物中水的流量及压力变化，如有压引水式水电站中的调压室及无压引水式水电站中的压力前池等。水电站厂房枢纽建筑物包括安装水轮发电机组及其控制、辅助设备的厂房以及安装变压器的变压器场和安装

高压开关的开关站等，厂房枢纽是发电、变电、配电的中心，也是电能生产的直接场所。其他建筑物则是指过船、过木、过鱼、拦沙、冲沙等建筑物。

一、小水电站工程地质勘察的基本要求

小水电站工程地质勘察的内容应包括工程区的基本地质条件和主要工程地质问题；天然建筑材料的分布、储量和质量。工程地质勘察应按勘察任务书进行，勘察任务书应明确设计初拟的主要技术指标和应允明的主要工程地质问题以及要求提交的勘察成果和提交时间。工程地质勘察应多方面搜集和利用已有地形、地质资料，勘察方法应以地质测绘、轻型勘探和现场简易试验为主（必要时应采用重型勘探），在进行工程地质勘察和评价时宜采用工程地质类比法和经验分析法。在区域地质方面应研究工程区已有的区域地质资料，确定工程所属的大地构造部位，同时还应分析区域主要构造对工程的影响，工程区的地震基本烈度应按国家地震局编制的1∶4000000《中国地震参数区划图（2001年）》确定。

在水库工程地质方面，主要应完成水库渗漏问题勘察、库岸稳定勘察、浸没勘察等内容。水库渗漏问题勘察应包括下列两方面内容：勘察了解水库周边有无单薄分水岭、低邻谷和通向库外的透水层、断层破碎带等并应对渗漏的可能性和严重程度做出评价；勘察了解可溶岩分布库段的岩溶发育规律、泉水及地下水分水岭的分布高程、相对隔水层的分布及封闭条件、地下水与河水的补给与排泄关系等，评价渗漏的可能性、渗漏途径、渗漏性质（管道、溶障）及其对建库的影响。库岸稳定勘察应包括下列四方面内容：勘察了解岸坡岩（土）体性质，结构组成，软弱土层的分布，断裂构造切割情况，各种对岸坡稳定不利的控制结构面的产状、延伸及相互组合关系；勘察了解岩质库岸风化卸荷状态及变形特征并鉴别变形类型、性质、范围及其形成条件；勘察了解近坝库岸滑坡、坍滑体、泥石流的分布及其稳定性；勘察了解坍岸地段各类土层的分布高程、稳定坡角，浪击带的稳定坡角，并预测坡岸的范围。浸没勘察应包括下列两方面内容：勘察了解浸没地段上层结构、厚度、组成及下伏基岩或相对隔水层埋深；勘察了解土层渗透性、地下水位埋深、地下水补给与排泄条件、土层毛细水上升高度、产生浸没的地下水临界深度，预测产生浸没的范围。应通过勘察对建库条件、蓄水后可能产生的环境地质问题进行评价并对不良地质问题提出处理措施及建议。

在水工建筑物工程地质方面，应根据具体情况做好以下七个方面的勘察工作：混凝土坝和砌石坝坝址勘察，上石坝坝址勘察，泄水建筑物勘察，隧洞、地下厂房、调压室及理管等地下建筑物勘察，压力管道勘察，渠道勘察，主、副厂房厂址勘察。混凝土坝和砌石坝坝址勘察应包括下列五方面内容：勘察了解坝址地形地貌，覆盖层厚度及其渗透特性，河床深槽范围和深度；勘察了解坝基（肩）岩性特征及其物理力学性质，软弱

夹层、泥化夹层的分布和性状；勘察了解坝基（肩）岩体的风化、卸荷特征、断层破碎带、裂隙密集带、顺河断层和缓倾角结构面的位置、充填物性状和延伸情况，进行坝基岩体质量分类，确定可利用岩面位置，提出岩（土）体物理力学参数；勘察了解坝基（肩）岩体透水性分带、相对隔水层埋深，提出坝基（肩）防渗范围及深度；评价坝基（肩）抗滑稳定、变形及渗透稳定性，提出不良工程地质问题处理措施及建议。土石坝坝址勘察应包括下列五方面内容：勘察了解河床覆盖层及阶地堆积物的地层结构、分层厚度、分布特征、现代河床及古河床冲积层内淤泥和粉细砂层及架空、漂孤石层的分布，对土层的承载能力、抗剪特性、地震液化等建坝条件做出评价；提出岩（土）体渗透系数、允许渗透坡降和物理力学参数，并对不良地质问题提出处理意见；勘察了解防渗体部位断层破碎带和裂隙密集带的分布、宽度、充填状况并评价其渗透稳定性；勘察了解坝基（肩）岩体风化、卸荷摩度及性状；勘察了解坝基（肩）相对隔水层分布高程、两岸地下水位埋深，并提出坝基（肩）防渗范围及深度。泄水建筑物勘察应包括以下三方面内容：勘察了解地形地貌、地层岩性、地质构造、岩体风化卸荷特征、地下水位、岩（土）体的物理力学性质；勘察了解两岸边坡稳定条件及冲刷区岩体抗冲特征；提出岩（土）体物理力学参数和处理措施的建议。隧洞、地下厂房、调压室及埋管等地下建筑物勘察应包括下列四方面内容：勘察了解地形地貌、地层岩性、地质构造、地下水位、上覆岩体厚度、进出口地段岩体风化卸荷带厚度、主要断层及软弱层结构面的性状、延伸长度及其与洞室轴线方向的组合关系，并进行围岩工程地质分类，提出岩（土）体物理力学参数。对隧洞成洞条件和进出口边坡稳定条件进行评价；调查隧洞穿越煤系地层的洞段有毒易爆气体的危害程度，并对采空区洞室围岩稳定、深埋隧洞岩爆做出评价；可溶岩地区的岩溶洞穴、暗河水系对成洞条件的影响并做出评价。对地下厂房和调压室应结合地应力，分别评价洞顶、高边墙及交叉段岩体稳定性，提出处理措施和建议。在层状地层内布置埋管时，还应查明岩层倾角、倾向与埋管倾斜角的关系。压力管道勘察应包括以下两方面内容：勘察了解地形地貌、覆盖层厚度、基岩面坡度、山体稳定条件、镇墩地基岩（土）体物理力学性质；对压力管道沿线边坡稳定、地基承载能力做出评价。渠道勘察应包括以下三方面内容：勘察了解地形地貌、地层岩性、滑坡、泥石流的分布；按坡高、岩（土）体性质、岩层产状等因素进行工程地质分段，评价渠道的渗漏、渠基和边坡的稳定性；提出相应的岩（土）体物理力学参数、稳定边坡建议值及处理措施的建议。主、副厂房厂址勘察应包括以下三方面内容：勘察了解地形地貌、岩（土）体性质、承载能力、变形特征、透水性及边坡稳定情况。对岩基上的建筑物，应查明岩体风化带、卸荷带、软弱夹层分布及其性状并提出持力层的物理力学参数。对软基上的建筑物应查明覆盖层厚度、性质、分层特征、渗透性、地下水位埋深、淤泥及粉细砂层的分布、性状及地震液化条件。对变形和渗透稳定做出评价，并提出各项物理力学参数和处理措施的建议。另外，还应对天然建筑材料进行相应的勘察工作，对天然建筑材料应按不同设计阶段要求的精度进行初查或详查，在天然骨料缺乏或开采不经济时应进行人工骨料料源调查并对其储量、质量和开采条件做出评价。

二、小水电站水利及动能计算的基本要求

小水电站水利动能设计应以河流、河段或地区水利水电规划及电力规划为基础，根据开发目标和工程安全要求经综合分析论证后选定工程规模及特征值，水利动能设计应在收集和分析当地社会经济、自然条件、电力系统、生态环境等基本资料和综合利用要求基础上进行。

径流调节计算应收集长系列逐月（旬）径流、典型年逐口径流，电站下游水位流量关系曲线，水库库面蒸发和库区渗漏，水库水位-容积、面积关系曲线，综合利用部门需水要求等资料。径流调节计算应根据电站的调节性能和各部门用水要求进行水量平衡，计算电站保证出力、多年平均发电量和特征水头，阐明电站运行特征和效益。电站设计保证率可根据系统中水电站容量占电力系统容量的比重、设计电站的调节性能和容量大小等因素在 80%~90% 范围内选取。径流调节计算应采用时历法。对于多年调节水库及年调节水库应采用长系列（不少于 20 年）并按月（旬）平均流量进行计算。对无调节或日调节电站可采用典型年日平均流量计算。典型年可选择丰水、平水、枯水三个代表年，也可增加平偏丰水、平偏枯水两个代表年。当设计电站上、下游有已建或在设计水平年内拟建的水利水电工程时，应进行梯级电站径流调节计算。水电站保证出力应根据径流调节计算结果绘制出力保证率曲线，按选定设计保证率确定。多年平均发电量可采用长系列年电量或典型年年电量平均值。

应合理进行洪水调节计算及防洪特征水位选择工作。洪水调节计算应根据工程防洪标准及下游防洪要求对拟定的泄洪建筑物规模及汛期限制水位进行技术经济比较以确定泄洪建筑物尺寸和汛期限制水位、设计洪水位及校核洪水位。汛期限制水位应按防洪与兴利相结合原则，根据不同汛期限制水位对主要兴利目标、下游防洪、泥沙淤积、库区淹没、工程投资的影响，经综合分析后确定。梯级水库应分析梯级中各水丽的防洪标准、防洪任务、洪水调度原则等以使设计电站的泄洪建筑物布置、规模及运行方式与梯级中其他水库相协调。

应合理选择正常蓄水位和死水位。正常蓄水位选择时，应根据河流梯级开发方案、综合利用要求、工程建设条件、泥沙淤积、水库淹没、生态环境等因素拟定若干方案进行动能经济指标计算并经综合分析后确定。死水位选择除应比较不同方案电力电量效益和费用外，还应分析其他部门对水位的要求及水库泥沙淤积、水轮机运行工况等因素且应经综合分析后确定。

水电站装机容量及机组机型选择应合理。水电站装机容量应在分析水库的调节性能、综合利用要求、系统设计水平年的负荷及其特性、供电范围、电源结构的基础上计算各

装机方案的年发电量、发电效益和相应费用，然后结合电力电信平衡综合比较后确定。设计水平年可参照系统国民经济计划、本电站的规模及其在系统内的比重确定（系统中的骨干电站可采用第一台机组投产后 5~10 年为电站设计水平年）。对并入孤立地方电网中运行的电站，其装机容量可在全网电力电量平衡的基础上选择。对并入地方电网运行的电站，当地方电网与国家电网联网时，其电站的装机容量选择可在地方电网电力电量平衡的基础上结合国家电网吸收电力、电量的能力经过经济分析比较后确定。与国家电网联网运行的电站（或调节性能差或容量占电力系统容量比重小的电站）其装机容量选择可根据能量指标采用方案比较和经济评价的方法确定（并可不进行电力电量平衡）。对以灌溉和供水为主的水库电站，其装机容量的选择应以灌溉和供水流量过程为依据，选择若干装机方案在技术经济比较的基础上确定。选择水电站装机容量时，其引用流量应与上、下游梯级电站相协调。水电站水轮机额定水头应根据电站开发方式确定（高水头引水式电站的额定水头可取最小水头。其他形式电站的额定水头应按额定水头与加权平均水头的比值在 0.85~0.95 之间选择，额定水头不宜高于汛期加权平均水头）。水轮机机组机型及机组容量应根据电站的出力、水头变化特性、枢纽布置及电力系统的运行要求等因素计算不同方案的效益与费用并通过综合分析比较选择(机组台数不宜少于2台)。选定电站装机容量后，应结合系统电力电量平衡计算分析电站有效电量（对不进行电力电量平衡的电站，可采用有效电量系数折算有效电量）。

引水道尺寸及日调节容积的选择应合理。引水式水电站引水道尺寸和日调节池容积应根据地形、地质、冰凌、泥沙淤积、电站装机容量、日运行方式等分析比较后确定。日调节容积可按设计保证率条件下经调节后能满足日负荷运行要求所需的库容确定（安全系数可采用 1.1~1.2）。

水库泥沙淤积分析及回水计算应科学。库容和年输沙量之比（以下简称库沙比）小于 30 的电站应根据水库形态、河流输沙特性、泄流规模以及泥沙淤积对环境的影响等因素拟定排沙减淤的水库运行方式，当库沙比大于 30 时拟定水库运行方式可不计入库泥沙淤积的影响。高水头电站应分析过机含沙量、泥沙级配及硬度。水库泥沙冲淤计算应根据泥沙特性、水库运行方式、资料条件等进行（可选用类比法或经验法，也可采用数学模型法）。水库泥沙淤积预测年限为工程投入运行后的 10~20 年，当水库冲淤相对平衡年限小于 10 年时水库泥沙淤积预测年限为水库冲淤相对平衡年限。水库回水计算应根据河道条件、水库特性、水库运用方式等按满足设计要求的流量推求建库前天然水面线及建库后泥沙淤积预测年限的库区回水水面线，回水计算时应采用洪水水面线推求各河段综合糙率并分析水库泥沙冲淤后河段糙率的变化（其计算断面应能反映河道基本特性及淤积后河床特性）。

三、小水电站工程布置及建筑物设计的基本规定

（1）小水电站设计及工程布置的总体要求

水电站工程等别及建筑物级别应遵守相关规定：电站工程应根据其规模、效益和在国民经济中的重要性分为Ⅳ、Ⅴ两等，其等别可按表1-5的规定确定。水工建筑物的级别应根据其所属枢纽工程的等别、作用和重要性按表1-6的规定确定。水库大坝坝高超过表1-7规定时可提高一级，但洪水标准不予提高。水工建筑物的防洪标准应遵守相关规定：水库工程水工建筑物的防洪标准可按表1-8的规定确定。当山区、丘陵区的水库枢纽工程挡水建筑物挡水高度低于15m、上下游水头差小于10m时，其防洪标准可按平原、滨海区的规定确定；当平原、滨海区的水库枢纽工程挡水建筑物的挡水高度高于15m、上下游水头差大于10m时，其防洪标准可按山区、丘陵区的规定确定；当土石坝失事或混凝土坝及浆砌石坝洪水漫顶后对下游造成重大灾害时，其非常运用（校核）洪水标准应取上限；低水头或失事后损失不大的水库枢纽工程的挡水和泄水建筑物应经专门论证并报主管部门批准后其非常运用（校核）洪水标准可降低一级。非挡水厂房的防洪标准应根据其级别按表1-9的规定确定，河床式厂房的防洪标准应与挡水建筑物的防洪标准相一致。水电站的电站形式按工作水头的大小不同，可分为低水头（30m以下）、中水头（30~100m）、高水头（100m以上）电站三种；按壅水方式不同，可分为堤坝式、引水式、混合式电站三种。枢纽总体布置及水工建筑物设计应根据工程的具体情况并具备下列基本资料：地形图测图项目及比例尺（宜按表1-10的规定选用）；工程地质勘察报告和图纸；气象、水文资料及水利、动能计算成果，水资源综合利用资料水力机械、电气及金属结构资料；施工条件资料；业主的意见和上级主管部门的有关批复文件等。

表1-5　小水电站工程的等别

工程等别	工程规模	装机容量/MW	水库总阵容/万立方米	灌溉面积/万亩	防护保护农田/万亩
Ⅳ	小（1）型	50~10	1000~700	5~0.5	30~5
Ⅴ	小（2）型	<10	100~10	<0.5	<5

注：表中的水库总库容是指校核洪水位以下水库静库容。综合利用的水利水电枢纽工程，当按各项用途分别确定的等别不同时，应以其中最高的等别确定整个枢纽工程的等别。

表1-6　小水电站水工建筑物的级别

工程等别	永久性水工建筑物级别		临时性水工建筑物级别
	主要建筑物	次要建筑物	
Ⅳ	4	5	5
Ⅴ	5	5	5

注：当水工建筑物的工程地质条件复杂或采用新型坝、新型结构时可提高一级，但洪水标准不予提高。当水库总库容大于、等于1000万立方米（或土石坝坝高超过50m、混凝土坝和浆砌石坝坝高超过70m）时或挡水和泄水建筑物设计还应遵守国家现行有关标准的规定。

表1–7　小水电站水库大坝的提级标准

加的原级别		4	5
坝高/m	土石坝	50	30
	混凝土坝、浆砌石坝	70	40

表1–8　小水电站水库工程水工建筑物的防洪标准

<table>
<tr><td rowspan="3">水工建筑物级别</td><td colspan="3">防洪标准[重现期/年]
山区、丘陵区</td><td colspan="2" rowspan="1">平原区、滨海区</td></tr>
<tr><td rowspan="2">正常运用（设计）</td><td colspan="2">非常运用（校核）</td><td rowspan="2">正常运用（设计）</td><td rowspan="2">非常运用（校核）</td></tr>
<tr><td>混凝土坦、浆砌石理及其他水工建筑物</td><td>土石坝</td></tr>
<tr><td>4</td><td>50–30</td><td>500 ~ 200</td><td>1000 ~ 300</td><td>50–20</td><td>100–50</td></tr>
<tr><td>5</td><td>30–20</td><td>2()0~ 100</td><td>300~ 200</td><td><20</td><td>50–20</td></tr>
</table>

表1–9　小水电站非挡水厂房的防洪标准

水工建筑物级别	防洪标准［重现期/年］	
	正常运用（设计）	非常运用（校核）
4	50–20	100–50
5	<20	50–20

表1–10　小水电站建设地形图测图项目及比例尺

序号	测图项目	比例尺
1	库区	（1：25000）–（1：10000）
2	坝段	（1：2000）–（1：1000）
3	坝（闸）址、渠道、溢洪道	（1：1000）–（1：200）
4	隧洞、渡槽进出口、调压井、管道、厂房等	（1：1000）–（1：200）
5	施工场地、天然料场	（1：5000）–（1：1U00）

注：库区地形复杂时比例尺可选用（1 ： 10000）~（1 ： 2000）。地质测图比例尺宜与相同部位的地形测图比例尺一致。

（2）小水电站工程布置原则水电站坝址（线）、厂址的选择应根据地形地质条件、枢纽布置、运行条件、施工条件、淹没损失、环境影响、工程量及投资等因素在技术经济比较的基础上选择。枢纽总体布置应满足综合利用要求，应通过技术经济比较合理布置挡水、泄水、引水、发电、通航等建筑物。当堤坝式电站的挡水建筑物为混凝土坝、浆砌石坝时，其厂房可采用坝后式或河床式布置（河床狭窄时也可采用坝内式、河岸式、地下式、半地下式布置），若挡水建筑物为土石坝时其厂房可采用河岸式、地下式、半地下式布置，当受泥沙淤积影响时其进水口应设置防沙、排沙设施。河床式电站厂房宜选择在河床稳定、水流平顺的河段上并应有利于取水、防沙、航运、对外交通及施工导流。

引水式电站的首部枢纽可采用元坝或低坝（含底格栏栅规）引水，在弯曲河段上进水闸宜设置在凹岸弯道顶点偏下游的稳定河岸处并应采取防沙、排沙措施。混合式电站的挡水建筑物为混凝土坝、砌石坝时其进水口可布置在坝身或岸边（当受泥沙淤积影响时应靠近枢纽排沙设施布置），若挡水建筑物为土石坝时则其进水口宜布置在岸边。灌溉渠道上的电站宜结合跌水或陡坡建筑物统筹布置，当电站与跌水建筑物分建时其引水渠、尾水渠与渠道的衔接应使水流流态稳定。在有通航建筑物的枢纽中其厂房和通航建筑物宜分别布置在河床两岸（当必须布置于同一岸时应采取工程措施满足通航水流和交通要求）。若电站所在河流的漂浮物或冰凌较多则其引水建筑物的进水口附近应采取拦截、排除措施。电站各建筑物布置宜避开高陡边坡（不能避开时应进行边坡稳定分析，对不稳定的岩体应采取工程措施）。

（3）小水电站挡水建筑物布置原则

挡水建筑物的形式应根据坝（闸）高、地形地质条件、建筑材料、运行条件、施工条件、工期、工程量及投资等因素通过技术经济比较后确定。水电站重力坝按筑坝材料不同，可采用混凝土重力坝、碾压混凝土重力坝及浆砌石重力坝，按坝体结构不同，可采用实体重力坝、宽缝重力坝、空腹坝及支墩坝。重力坝的布置应满足下列四方面的基本要求：重力坝宜建在岩基上（低坝也可建在软基上），坝身泄洪、引水、发电、排沙建筑物的布置应避免相互干扰，河谷狭窄时可采用横缝灌浆形成整体式重力坝（河谷较宽时可采用分缝式重力坝），当采用碾压式混凝土重力坝时其坝体结构布置应有利于碾压混凝土施工。重力坝应进行水力、坝体稳定及坝体（基）应力计算（对非岩基上的重力坝还应进行沉降和渗透稳定计算）。水电站拱坝的建筑材料可采用混凝土或浆砌石，体型可采用单曲拱坝和双曲拱坝，拱坝的布置应满足下列六方面的基本要求：拱坝宜修建在河谷较狭窄、地质条件较好的坝址上；拱坝轴线直选在河谷两岸厚实的岩体上游；“V”形河谷直选用双曲拱坝，“U”形河谷直选用单曲拱坝；当坝址河谷的对称性较差时，坝体的水平拱可设计成不对称的拱（或采取其他措施改善坝体应力），当坝址河谷形状不规则或河床有局部深槽时宜设计成有垫座的拱坝；拱坝泄水方式应根据坝高、拱坝体型、电站厂房位置、泄量大小、地形、地质、施工等条件经综合比较后选定；拱坝枢纽各建筑物的布置不应对拱坝应力及稳定产生不利影响。拱坝应进行水力、坝体应力与应变以及拱座稳定分析计算。水电站土石坝可根据下列三个条件分别采用均质坝、分区坝及人工防渗材料坝等形式：筑坝材料的种类、性质、数量、位置、开采运输条件以及开挖弃料的利用，枢纽布置、地形、地质、基础处理形式、坝体与泄水、引水建筑物的连接及地震烈度等，施工导流与度汛、气象条件、施工条件及进度要求。当天然防渗材料储量或质量不能满足要求或不经济时，坝体的防渗体可采用沥青混凝土、钢筋混凝土、土工织物等人工材料，土石坝宜根据坝高、坝型进行坝体稳定、坝基稳定、坝体渗流、渗透稳定、沉降的分析计算（当混凝土面板坝采用厚趾板、高趾墙或趾板下基岩内有软弱夹层时应对趾板进行稳定分析并对高趾墙进行应力分析）。水电站橡胶坝宜建在河道顺直、河床及岸坡稳定、泥沙少的河段上且坝高不宜大于 5m。水电站岩石地基上挡水建筑物的地基处理和岸坡连接设计应满足强度、抗滑稳定、渗流稳定和绕坝渗漏及耐久性的要求，非岩石地基上挡水建筑物的地基处理设计宜采用铺盖、截水墙、换基等防渗措施（对深厚覆盖层的地基处理可采用高喷、混凝土防渗墙、振冲等工程措施）以满足强度、变形、防渗、排水和减少不均匀沉陷等要求。

（4）小水电站泄水建筑物布置原则

水电站泄水建筑物形式、尺寸及高程应根据地形、地质、枢纽布置、泥沙、泄量、工程量、施工、投资等条件通过技术经济比较确定。电站放水孔设置应根据供水、排沙、检修或其他要求确定。土石坝泄水建筑物宜采用开敞式溢洪道（当受条件限制时可采用开敞式进口的无压泄洪隧洞）。混凝土坝、砌石坝宜采用坝顶溢流（也可采用坝身泄水孔或隧洞泄洪的方式）。河床式电站宜采用闸、坝泄洪。泄洪建筑物泄放正常运用（设计）洪水时应保证挡水建筑物及其他主要建筑物的安全并满足下游河道的防洪要求，泄放非常运用（校核）洪水时应保证挡水建筑物的安全。泄洪建筑物的下游应设置消能和防护设施（消能方式应根据上、下游水位及泄量、地形、地质、运行方式等条件通过技术经济比较后确定）。泄水建筑物应进行泄流能力、水面线、高速水流的掺气及防空蚀、消能防冲等水力计算（对泄量大、水流流态复杂的泄水建筑物宜进行水工模型试验）。开敞式溢洪道应布置在稳定的地基上且其轴线宜取直线，进、出口水流宜顺畅、水面衔接平稳，下泄水流距坝体和其他建筑物应有安全距离。泄洪隧洞应在技术经济比较的基础上选择有压流或无压流，高流速的泄水隧洞在同一段内不得采用有压流与无压流相互交替的工作方式。泄洪隧洞、放水底孔经技术经济比较后可与施工导流洞相结合。泄洪闸底槛高程应根据洪水调节、泄洪排沙、堰型、门型、施工导流等条件通过技术经济比较后确定。软基上的泄洪闸应采用整体式结构布置并应保持结构布置的匀称（闸室底板在中等紧密地基上或 7 度以上地震区宜采用整体式平底板，在紧密地基上可采用分离式平底板、箱式平底板、折线底板、反拱底板等，在地基表层松软时可采用低堰底板）。岩基上的泄洪闸的闸室底板可采用分离式平底板(在7度以上地震区宜采用整体式平底板)。软基上的泄洪闸的闸室上游应设铺盖，下游消能方式应采用底流消能并应设护坦、海漫、防冲槽等。泄水建筑物应根据不同型式分别进行下列四方面的结构和稳定计算：开敞式溢洪道和泄洪闸闸室的稳定性、地基应力、结构强度计算，溢洪道陡槽及消能设施结构强度计算，泄洪隧洞衬砌结构强度计算，软基上泄洪闸渗透稳定性、地基沉陷量计算。

（5）小水电站引水建筑物布置原则小水电站引水建筑物的形式应根据电站的开发方式、使用要求、地形地质条件和挡水建筑物的类型，结合枢纽总体布置和施工条件，经技术经济比较确定。

小水电站进水口设计应符合以下四方面要求：在各级运行水位下应水流顺畅、流态平稳、进流均匀并满足引用流量要求，应避免产生贯通式漏斗漩涡，当泥沙淤积影响取水或影响机组安全运行时应设置防沙和冲沙设施，在多污物河流上应设置防污、排污设施（严寒地区应设置防冰、排冰设施）。岸边开敞式进水口位置宜选在稳定河段上，对多泥沙河流其进水口宜选在弯曲河段凹岸弯道顶点的下游附近，在漂浮物和冰凌严重的河段宜选在直河段，进水口底板高程应高于冲沙闸底板和冲沙廊道进口高程（其高差不宜小于 1.0m）。潜没式进水口底板高程应高于孔口前缘水库冲淤平衡高程，其顶缘在上游最低运行水位以下的淹没深度应满足进水口不产生贯通式漏斗漩涡及不产生负压的要求并应不小于 1.0m。开敞式进水口前拦沙坎高度不宜低于 1.5~2.0m（或为冲沙槽内水深的 50% 左右），拦沙坎前缘与冲沙闸前缘的夹角宜为 105°~110°。采用底格栅引水时其栅条应沿流向布置，栅格间障宜采用 1.0~1.5cm，栅条宜采用梯形断面，宽度宜为 1.2~2.0cm。小水电站进水 U 应进行水头损失、引水流量、行压进水口的通气孔面积和竖井式进水口上游管道的水锤压力等水力计算。

进水口建筑物应满足稳定、强度、刚度和耐久性的要求并应根据不同形式分别进行下列四方面内容的计算：进水口整体抗滑、抗浮稳定计算，坝式进水孔口应力计算，塔式、岸塔式进水口塔座和塔身结构强度、刚度及开敞式进水口闸室结构强度计算，岸坡式进水口和竖井式进水口洞身结构强度计算。引水隧洞的线路选择应符合相关要求，隧洞线路宜顺直且其转弯半径不宜小于洞径（或洞宽）的 5 倍、转角宜小于 60°。弯曲段首尾宜设直线段，其长度宜大于 5 倍洞径（或洞宽），进、出口宜布置在地质构造简单、山坡稳定、岩石坚硬和土石方开挖量较小的地段并应避免高边坡开挖，洞线与岩层、构造断裂面和主要节理裂障面的夹角对整体块状结构的岩体中不宜小于 30°，对层状岩体中不宜小于 45° 并宜避开严重构造破碎带、软弱结构面及地下水丰富地段（如无法避免应提出相应工程措施），相邻两隧洞间的岩体厚度不宜小于 2 倍洞径或洞宽。岩体好时可减小但不宜小于 1 倍洞径（或洞宽），应有利于施工支洞的布置。

引水隧洞洞顶以上和傍山隧洞外侧岩体的最小厚度应根据地质条件、隧洞断面形状及尺寸、施工成洞条件、内水压力、衬砌形式等因素综合分析决定并应符合下列三方面的基本要求：无木隧洞上覆岩体厚度不宜小于 1.5 倍开挖跨度；压力隧洞上覆围岩重量应大于洞内静水压力；傍山隧洞外侧围岩的最小厚度对无压隧洞不宜小于开挖跨度的 3 倍，对压力隧洞应大于洞内静水压力。引水隧洞的纵坡应根据运用要求、上下游衔接、沿线建筑物底部高程、施工条件、检修条件等因素综合分析后确定且沿程不宜设平坡和反坡。有策引水隧洞全线洞顶处的最小压力余幅在最不利运行工况下不宜小于 2.0m。引水隧洞的横断面设计应符合相关要求，压力隧洞宜采用圆形（其断面尺寸应根据隧洞工程投资和电能损失等综合分析比较确定。隧洞最小内径不宜小于 1.8m。隧洞设计流速宜为 3.0~5.0m/s），无压隧洞宜采用圆拱直墙式断面或马蹄形断面（圆拱直墙式断面的圆拱中心角可选用 90° ~180°，高宽比可选用 1.00~1.50 洞宽不宜小于 1.5m 且洞高不宜小于 1.8m。在恒定流条件下，洞内水面线以上空间面积不宜小于隧洞断面面积的 15% 且高度不宜小于 0.4m，在非恒定流条件下上述数值可减小）。引水隧洞应进行过流能力，上、下游水流衔接，水头损失，水锤压力，压坡线以及水面线等水力计算。引水隧洞应根据围岩的强度、完整性、渗透性等情况采用喷锚衬砌、混凝土衬砌、钢筋混凝土衬砌或钢板衬砌等形式。引水隧洞的混凝土和钢筋混凝土衬砌强度等级应不低于 C15。单筋钢筋混凝土衬砌厚度不宜小于 25cm，双层钢筋混凝土衬砌厚度不宜小于 30cm。限裂设计允许最大裂缝宽度不应超过 0.30mm（当水质有侵蚀性时不宜超过 0.25mm）。采用喷锚衬砌的引水隧洞其洞内允许流速不宜大于 8m/s，喷混凝土厚度不应小于 5cm 且不宜大于 20cm，引水隧洞的混凝土和钢筋混凝土衬砌顶部必须进行回填灌浆（灌浆的范围、孔距、排距、压力及浆液浓度等应根据衬砌结构的形式、隧洞工作条件及施工方法等分析确定，灌浆孔应深入围岩 5cm 以上，地质条件差的地段应采用固结灌浆处理，固结灌浆参数可通过工程类比或现场试验确定）。当土石坝采用坝下埋管引水时应符合下列六方面要求：管基应置于均匀、坚硬的岩石地基上，引水管的强度和刚度应满足要求，引水管轴线应垂直于大坝轴线，引水管应设置伸缩缝和沉陷缝（共分缝长度宜为 15~20m）。钢筋混凝土管的分缝内应设两道止水引水管周围坝体填筑质量应满足坝体和坝基渗流稳定（引水管穿过防渗体处应设置截流环并应加大防渗体断面尺寸），闸门应设在大坝的上游侧。

调压室的设置应在机组调节保证计算和运行条件分析的基础上根据电站在电力系统中的作用、地形、地质、压力水道布置等因素通过技术经济比较后确定，初步判别设置调压室条件时可根据压力水道中水流惯性时间常数判断（当其大于允许值时应设调压室，允许值宜取 2~4s。当电站孤立运行或机组容量在电力系统中所占的比重超过 50% 时，允许值宜取小值；当电站机组容量在电力系统中所占比重小于 20% 时，允许值宜取大值）。调压室的位置宜靠近厂房并结合地形、地质、压力水道布置等因素通过技术经济比较后确定。调压室的形式应根据电站的工作特性并结合地形、地质条件以及各类调压室的特点经技术经济比较后确定。调压室断面面积和高度应分别满足波动稳定和涌波要求。调东室最高涌波计算时，其引水道的糙率取其小值（当水库水位为正常蓄水位时，应以共用同一调压室全部机组满载丢弃全负荷作为设计工况；当水库水位为校核洪水位时相应工况做校核）。调压室最低涌波计算时，其引水道的糙率取其大值。计算水库水位为死水位时共用同一调压室的全部 n 台机组由（n-1）台增至 n 台或全部机组由 2/3 负荷突增至满载并复核水库水位为死水位时，全部机组瞬时丢弃全负荷时的第二振幅。调压室涌波水位计算应对可能出现的涌波叠加不利工况进行复核，当叠加的涌波水位超过最高涌波水位或低于最低涌波水位时，可调整运行方式或修改调压室断面尺寸。调压室最高涌波水位以上的安全超高不宜小于 1.0m，调压室最低涌波水位与压力引水道顶部之间的安全高度不应小于 2.0m，调压室底板应留有不小于 1.0m 的安全水深。调压室的衬砌应根据围岩类别分别采用锚杆钢筋喷喷混凝土或钢筋混凝土衬砌形式，其围岩宜进行固结灌浆加固，寒冷地区还应设有防冻设施。调压室上部及外侧边坡应进行稳定分析及加固处理，其附近宜设排水设施，其顶部应设置安全保护设施，在寒冷地区还应设有保温设施。调压室的运行要求应根据电站的上游水位、下游水位、运行特性、压力水道和调压室的结构形式等确定。

引水渠道线路的选择和布置应符合相关要求，宜避开地质构造复杂、渗透性大及有崩滑、塌（湿）陷、泥石流等地质地段并应避免深挖和高填方且应少占地、少拆迁，渠线宜顺直（如需转弯，衬砌渠道的弯曲半径不宜小于渠道水面宽度的 2.5 倍，未衬砌渠道的弯曲半径不宜小于水面宽度的 5 倍。严寒地区渠道线路宜沿阳坡布置且其弯曲半径不应小于水面宽度的 5 倍），应择优选定渠道建筑物的位置和形式。引水渠道的形式应结合地形、地质、运行及枢纽总布置等条件在技术经济比较的基础上分别选用自动调节渠道、非自动调节渠道或两者相结合的调节渠道。引水渠道水力设计应进行下列三方面计算：电站在正常运用条件下按明渠均匀流确定渠道的基本尺寸和前池特征水位，并据而推求各部位的水深、流速和水面高程；电站突然增荷时，应按非恒定流方法计算渠道末端最低水位，机组全部丢弃负荷时其自动调节渠道按非恒定流方法推算水面线；泄水建筑物的水力计算。引水渠道的纵坡和横断面应根据地形、地质、水力条件结合经济分析后确定，地面坡降陡、起伏大、地下水位低的山丘及严寒地区宜采用窄深式断面，地势平坦、地下水位高、地基土冻胀性强及有综合利用要求的渠道宜采用宽浅式断面，傍山渠道宜采用封闭的矩形箱式断面，渠顶超高应符合表 1-11 的规定，严寒地区冬季运行的渠道超高可加大（渠堤或渠墙顶宽在无通车要求时土渠宜采用 1.0~2.5m，砌石衬砌渠道宜采用 0.5~0.7m）。

表1-11　小水电站引水渠道渠顶超高要求

最大流量/（m^3/s）	＞50	50~10	＜10
超高/m	1.0以上	1.0~0.6	0.4

非自动调节渠道的泄水建筑物形式宜采用泄水闸、侧堰或虹吸式泄水道形式，在有控制水位、调节流量及配水要求的引水渠道上应设置节制闸，引水渠道两侧应设排水设施，严寒地区应采取防冻措施和设置排冰设施，多沙河流上的引水渠道应设置沉沙、排沙设施。引水渠道的流速时非衬砌渠道应限制在不冲、不淤流速范围内，对衬砌渠道及输冰运行的渠道宜采用 1.0~2.0m/s。引水渠道的防渗可选用混凝土衬砌、浆砌块（卵）石衬砌或复合土工织物等。前池布置应符合相关要求，前池的位置宜避开滑坡、顺坡裂隙发育和高边坡地段并应结合压力水道的线路和厂房位置选择在坚实稳定、透水性小的地基上且应分析前池建成后水文地质条件变化对边坡稳定的影响，前池的容积和水深应满足电站负荷变化时前池水位波动小和沉沙的要求（当前池用作调节池时还应满足调节要求），引水渠道与前池连接段的扩展角不宜大于 12° 且其底部纵坡宜小于或等于 1 ∶ 5，压力管道进水口顶缘最小淹没深度应符合相关规定，前池末端底板高程应低于进水室底板高程 0.5m 以上，前池应设置排沙、放空设施，其形式宜选用冲沙廊道（洞），寒冷

地区还应设拦冰、导冰、排冰设施，前池内电站进水口可采用闸门控制或虹吸式取水，非自动调节渠道电站前池的泄水建筑物宜采用侧堰式泄水道且其泄流能力应满足电站全部机组丢弃负荷时的最大流量要求。

调节池的设置应根据电站需要结合地形、地质条件等经技术经济比较后确定，其布置应符合相关要求，调节池的位置应根据所需的调节容积和消落深度结合地形地质条件选择（宜利用天然洼地）确定，调节池的布置方式应根据地形、地质条件选择，可采用与引水渠相结合或相连通、与前池相结合或相连通、通过连接管（渠）直接向压力管道或前池供水等方式确定，调节池与各连接建筑物的水流衔接应通过水力计算后确定。前池应进行电站正常运行突然丢弃负荷时的最高涌波和突然增加负荷时的最低涌波计算（前池的最高水位对自动调节渠道为最高涌波水位，对非自动调节渠道为溢流堰上最高水位），前池墙顶超高可按渠顶超高加 0.1~0.3m。前池、调节池建筑物应满足稳定、强度、变形、抗裂、抗渗及抗冻等方面的要求，其压力墙应按挡水建筑物的要求进行稳定和强度计算。

压力水管应根据电站水头、应用条件等在技术经济比较基础上分别选用钢管、钢筋混凝土管、预应力钢筋混凝土管、玻璃钢管、钢套筒混凝土管及钢套筒预应力混凝土管等。压力水管的线路应根据工程总布置结合地形、地质、施工、运行条件在技术经济比较的基础上选择（线路宜短而直）。

压力水管的供水方式应根据电站水头、开发方式、引用流量及管道类型并结合地形、地质条件和工程布置等在技术经济比较的基础上分别确定选用单元供水、联合供水或分组供水方式中的某种形式，每根压力水管连接的机组台数不宜超过 3 台。压力水管内径应根据电站的水头、管道类型、工程量、投资及电能损失等经技术经济比较后确定，管内经济流速对钢筋混凝土管可取 2.5~3.5m/s、钢管可取 4.0~6.0m/s。露天式压力水管（明管）的布置应符合相关规定，管线应避开滑坡和崩塌地段（个别管段若不能避开山洪、坠石影响时，可布置为洞内明管、地下埋管或外包混凝土管），在管道转弯处、分岔处、隧洞与钢管接头处、混凝土管与钢管接头处应设置镇墩并在镇墩下游侧设伸缩节（当直管段长度大于 150m 时应在其间加设镇墩；两镇墩间管道可用支墩或管座支承，支墩间距宜采用 6~12m；镇墩、管座的地基应坚实稳定），管道底部应高出地表 0.6m 以上且管道顶部应在最低压力线以下 2m，明管两侧应设纵向排水沟并应与横向排水沟相连（沿管线应设维修人行道）。压力水管的壁厚应满足强度和外压稳定性要求并应经应力分析后确定，压力水管承受的最大内水压力应通过水锤分析计算确定。压力水管的分岔管可采用“卜”形、对称“Y”形或三岔形三种布置方式，其分岔角应根据岔管形式和材料确定（钢筋混凝土岔管宜采用 30°~60°，钢岔管宜采用 45°~90°）。压力水管伸缩节形式可采用承插式或套筒式，伸缩节的止水填料应具有高弹性、耐久性和低摩擦系数（当水头低于 500m 时可采用橡胶石棉盘根，当水头高于 500m 时宜采用聚四氟乙烯石棉盘根）。

压力钢管的支承结构形式应根据管径大小选择（当管径小于1500mm时可采用鞍形，当管径为1500~2500mm时宜采用平面滑动式或滚动式，当管径大于2500mm时宜采用滚动式或摆动式），对可能产生不均匀沉陷的地基应采取相应的结构措施。压力钢管应设置进入孔（其孔径不应大于500mm，间距不宜大于150m），压力钢管最低点应设置排水装置，高水头压力钢管排水口应设置消能设施。压力钢管的内表面必须喷涂耐磨、防锈、防腐涂料，外表面应进行防护处理，严寒地区还应有防冻设施。焊接成型的钢管应进行焊缝探伤检查和水压试验（水压试验可根据管道长度、内水压力等选择分节、分段或整体三种方式，对明管宜做整体试验。试验压力值应不小于1.25倍正常工作情况最高内水压力，也不得小于特殊工况的最高内水压力）。地下埋藏式压力水管布置应符合相关规定，地下埋管线路应选择在地形、地质条件好的地段，地下埋管宜采用单管供水方式（若采用多管供水方式，其相邻两管间距不宜小于2倍管径），洞井形式及压力水管坡度应根据布置要求、地质条件、施工条件综合分析后确定，地下水位高的地段宜设置排水设施并应布置观测井或测压计。地下埋管衬砌混凝土的强度等级不应低于C15，其平硐、斜井应进行顶拱回填灌浆（灌浆压力不宜小于0.2MPa），对钢管和岩石联合受力的地下埋管应进行钢管与混凝土、混凝土与岩石之间的接缝灌浆（灌浆压力宜采用0.2MPa），地下埋管的围岩宜进行固结灌浆（灌浆压力不宜小于0.5MPa）。地下埋管中，钢管与引水隧洞或调压室的混凝土衬砌连接处的钢管首端应设止水环，钢管管壁与围岩之间的净空尺寸应满足施工要求。

（6）小水电站厂房及开关站设置要求

小水电站厂房的形式应结合枢纽布置、地形、地质、上下游水位变幅等因素经技术经济比较后确定，可分别采用地面式、地下式、半地下式、溢流式或坝内式。地面式厂房的厂区布置应符合相关规定，厂区与枢纽其他建筑物的布置应相互协调，主厂房、副厂房、主变压器场、高压引出线、开关站、进厂交通、发电引水及尾水建筑物的布置应相互协调，厂区布置的排水系统若不能自流排水则应设置专用排水泵，傍山厂房的山坡上应设置防山洪及滚石的设施，开关站和主变压器场的位置宜靠近厂房（当受地形限制时主变压器和开关站可分开布置），应注意保护环境、绿化厂区。地面式厂房的位置应根据地形、地质条件结合枢纽总体布置、厂房形式、防洪、通风、采光等要求通过多方案比较后确定，当压力水管采用明管时宜将厂房避开事故水流的主冲方向或采取其他防冲措施，厂房位置适宜避开冲沟口（当不能避开时应采取相应的防护设施），厂房位于高陡边坡下时应对边坡稳定进行分析并采取相应的安全保护措施。电站尾水渠的布置宜避开泄洪建筑物出口水流的影响（当受条件限制时，尾水渠与泄洪建筑物出口之间应设置导流墙）。地面式厂房的防洪建筑物形式应根据水位变幅确定（当水位变幅小、地形条件允许时，宜在厂房外修建防洪墙或防洪堤，当水位变幅大时可采用厂房挡水或设防洪门）。厂房主机室的高度和宽度应根据机电设备布置、机组安装和检修、设备吊运、通风和采光的要求确定。主厂房机组间距应符合相关要求，当采用卧式机组时，应满足安装和检修时能抽出发电机转子的要求（且机组间的净距应不小于 1.5m），当采用立式机组时宜按发电机风罩直径、蜗壳和尾水管的尺寸和平面布置确定。相邻混凝土蜗壳之间和尾水管之间的隔墩厚度不宜小于 1.0m（设永久缝时不宜小于 2.0m），金属蜗壳之间的隔墩厚度不宜小于 1.0m，发电机风罩盖板之间的净距不宜小于 1.5m。当采用坝内式、溢流式厂房时其尾水管之间的混凝土厚度应满足结构和强度要求，边机组段的长度应结合安装场的位置、主机室与安装场的高差和起重机的起吊范围等因素确定。安装间面积宜按 1 台机组扩大检修需要确定，安装间地面高程宜与发电机层高程相同，安装间宜布置于厂房的一端且与主厂房同宽。厂房应设置通风、采光和减少噪声的措施，坝内式厂房、河床式、厂房和地下式厂房还应设置防潮设施，严寒地区的地面式主、副厂房还应设置采（保）暖设施。主机段与安装间及副厂房等相邻建筑物之间应根据地基情况和厂房布置设置永久变形缝，水下永久缝和承受水压的竖向施工缝应设止水（向下延伸至基岩的止水应与基岩牢固连接）。地面式厂房整体稳定及地基应力计算应分别取中间机组段、边机组段、安装间段作为一个独立的单元并在各种荷载组合情况下进行下列两方面的计算：沿基面的抗滑稳定和竖向正应力计算（当厂房地基内存在软弱层面时，还应复核厂房深层抗滑稳定情况），高尾水位厂房的抗浮稳定计算。非岩石地基上的地面式厂房基础应满足强度、防渗、排水和减小不均沉陷的要求。厂房所有结构构件应进行强度计算，对高排架的受压构件还应验算其稳定性。吊车梁、厂房构架以及需要控制变形值的构件应进行变形验算。对承受水压力的下部结构构件及在使用上需要限制裂缝宽度的上部结构构件应进行裂缝宽度验算。对直接承受振动荷载的构件应进行动力计算。地下式厂房宜布置在地质构造简单、岩体坚硬完整、地下水微弱以及岸坡稳定的地段。地下厂房主洞室纵轴线走向宜与围岩的主要结构面呈较大的夹角并应分析软弱结构面对洞室稳定的不利影响，在高地应力区其洞室纵轴线走向直接近围岩的主应力方向。地下厂房的支护结构应结合围岩自身的承载能力在分析计算的基础上确定。电站厂房的建筑设计应技术先进、造型美观大方、方便使用并与枢纽中其他建筑物相协调。

（7）通航建筑物设计原则

通航建筑物的形式及布置应结合枢纽布置、地形、地质、泥沙、水流条件、运行条件、施工等因素在技术经济比较基础上确定。通航建筑物不宜靠近进水口、厂房和溢洪道（如因条件限制须傍靠这些建筑物时，则应采取相应的安全措施）。斜面升船机的位置宜选择在地形平缓、工程量小、地质条件好的地方。通航建筑物上、下游引航道应与主航道平顺衔接，上、下游引航道口门区水流的流速、流态应满足通航要求并应采取防止泥沙淤积的措施。

（8）水工建筑物安全监测设计基本要求

水工建筑物应根据其重要性、形式、结构特性及地基条件等设置安全监测设施，其监测的项目应按规定选择。小水电站安全监测设计应以外部观测为主、以内部观测为辅，观测断面和观测点的选择应有代表性。对安全性观测项目及测点，其设计宜提供观测值的预计变动范围。小水电站监测设施应有保护措施并应便于施工、安装和维护。

四、小水电站施工的基本要求

（1）小水电站施工的总体要求。小水电站施工应编制施工组织设计。编制施工组织设计的依据与应具备的资料包括与电站施工有关的水文、气象、地形、地质资料、设计图和工程量，电站所在地区的施工条件，上级主管部门或业主对施工组织设计的意见和要求等。小水电站施工组织设计文件编制的原则是结合实际、因地制宜，统筹安排、综合平衡、妥善协调各分部、分项工程，结合国情推广新技术、新材料、新工艺和新设备（凡经实践证明技术经济效益显著的科研成果仍需经论证后方可采用）。

（2）施工导流。小水电站施工导流标准应按相关原则选择，即导流临时建筑物级别为Ⅴ级且其洪水标准应符合规定，当坝体填筑物高度达到不需围堰保护时或导流建筑物封堵后其临时度汛洪水标准应按规定确定（但可根据失事后对下游影响的大小适当提高或降低标准），过水围堰的挡水及过水标准应根据南堰的不同运用时段分别采用枯水期洪水和全年洪水按规定确定，截流标准可采用截流时段重现期 3~5 年的月或旬的平均流量，导流泄水建筑物封堵下闸设计流量可用封堵时段内重现期 3~10 年的月或旬的平均流量（或按实测水文统计资料分析确定），封堵工程施工阶段的导流设计标准可在该封堵时段 5~10 年重现期范围内选定，施工期蓄水标准可按保证率 75%~85% 计算。小水电站导流方式应根据枢纽布置、水工建筑物形式和河流特性综合分析截流、坝体度汛、封堵、初期发电及施工总进度等因素并经方案比较后可分别采用分期围堰导流、与断流围堰配合的明渠导流、隧洞导流、涵管导流以及施工过程中的坝体底孔导流、缺口导流和不同泄水建筑物组合导流等。导流挡水、泄水建筑物的形式应根据地形、地质、水文、枢纽布置、施工等条件并经技术经济比较后确定，当导流建筑物与永久工程结合时应提出结合方式及具体措施。施工期蓄水应与导流泄水建筑物封堵统一安排，应提出后期导流建筑物的封堵措施，导流建筑物封堵过程中应采取措施解决下游发电、灌溉、通航、供水要求。

（3）料场选择及开采。天然建筑材料开采量应分别根据土石方填筑、混凝土及砌石等用量以及加工、运输、堆存、施工中损耗和弃料量确定。土石坝料场的选择应遵守下列原则：坝料物理力学性质应满足坝体用料质量标准，储量应相对集中、料层厚且总储量能满足坝体填筑需用量，应按坝体不同部位使用料场，应保留部分近距离的料场用于坝体合拢和抢拦洪高程，料场剥离层要薄以便于开采，开采工作面应开阔、运距短且附近应有废料塘场，应不占或少占耕地、林场。混凝土骨料料场选择应遵守相关原则，即工程附近天然砂砾石储量应丰富且质量应符合标准（当级配及开采、运输条件好时应将其作为主要料源），若在主体工程附近合格的天然砂砾石料场储量不能满足用量时宜就近开采加工人工骨料（当开挖渣料数量多、质量好且能满足施工进度需要时应优先利用），应少占或不占耕地。选定料场的开采、运输、堆存、加工工艺、废料处理、环境保护设计及主要机械设备应经方案比较后确定。

（4）主体工程施工。小水电站主体工程施工设计应包括以下八方面内容：水工建筑物设计对施工的要求，确定主要单项工程施工方案及其施工顺序、施工方法、施工布置和工艺（对有温度控制要求的建筑物应提出相应的温度控制要求和防止裂缝的措施），根据总进度要求安排主要单项工程施工进度及相应的施工强度，选择主要单项程的主要施工设备型号和数量，确定主要施工设施的规模、布置和形式，计算施工辅助工程的工程量及主体工程施工的附加量，计算施工所需的主要材料、劳动力数量和需用计划，协同施工总布置和总进度平衡整个工程土石方。电站主体工程施工方案选择的基本原则是施工期短且能保证工程质量和安全，辅助工程量及施工附加量应小且施工成本低，先后作业之间、土建工程与机电安装之间、各道工序之间应协调均衡且干扰小，技术应先进、可靠，施工强度和施工设备、材料、劳动力等资源需求应均衡。

（5）场内外交通。小水电站施工的对外交通宜采用公路运输方式，应优先利用国家或地方现有交通设施并选择里程短的改建、新建道路确定重大部件的运输措施和对外交通施工进度。小水电站场内交通布置方案应根据施工总布置、场内交通道路建设和维护费用、运输总费用及满足施工运输要求等因素经多方案比较后确定。对选定的场内交通方案应确定其线路及设施的技术标准和场内主要交通干线与场外交通的衔接方式。

（6）施工工厂设施施工。工厂设施宜利用当地企业的设施和生产能力。需要设在现场的施工工厂其布置应符合相关要求，厂址宜靠近服务对象和用户中心，水电供应和交通运输应方便并应避免物资逆向运输，协作关系密切的施工二厂布置宜相对集中，生产区与生活区应相对分开，应满足防火、安全、卫生和环境保护要求。施工工厂应分系统设计，应分别确定厂址、平面布置、生产规模、场地和房屋面积，应确定土建工程量及所需的主要设备。

（7）施工总布置。小水电站施工总布置应符合相关原则，应根据工程施工特点及进度要求选择施工临时设施项目并确定其规模，应节约用地和少占耕地并应有利于工程完工后临时占地的复耕和造地，应在满足环境保护要求、不影响河道排洪和不抬高下游尾水位的前提下利用独料形成施工场地，应避免在不良地质区域设置施工临时设施，施工场地的防洪标准应按 5~10 年重现期洪水选择，应整体规划施工场地排水并提出防护措施，防止水土流失。施工分区布置应符合相关要求，施工分区布置应使枢纽工程施工形成最优工艺流程，分区间的交通道路布置应合理、运输应方便并应避免或减少反向运输，机电设备、金属结构组装场地宜靠近主要安装场地且交通方便，施工管理中心宜设在主体工程施工工厂区和仓库区的适中地段（各施工区应靠近其施工对象，生活区与生产区宜分开布置），主要施工物资仓库、站场等应布置在场内外交通衔接处，炸药库、雷管库、油库等的设置应满足安全要求。

（8）施工总进度。小水电站工程建设工期应分为工程筹建期、工程准备期、主体工程施工期和工程完建期（工程总工期为后三项工期之和）。编制施工总进度应遵守相关原则，对控制总工期或受洪水威胁的工程和关键项目应采取技术和安全措施（应尽量缩短建设周期、发挥投资效益），应采用平均先进指标、适当留有余地，应在科学分析枢纽主体工程、场内外交通、施工导截流及其他施工临时工程、施工工厂设施等建筑安装任务的基础上编制单项工程施工进度和各施工价段的施工进度计划并确定其关键路线及项目、施工强度和分阶段的工程形象面貌，应在对施工总进度进行资源优化后确定包括有强度曲线与劳动力曲线内容的施工总进度表（含关键路线进度表）和劳动力、主要施工设备、主要材料分年度供应计划等。

第二章　水利水电工程设计要点

第一节　概述

一、水利水电工程设计要点

（一）水利水电工程施工组织设计的内容及特点

水利水电工程应用众多的基础学科，如何能够将设计转变为实施，如何对施工建设过程进行科学的组织和管理是十分重要的。水利水电工程施工组织设计在工程项目计划与实施过程中发挥着巨大的作用，其基本宗旨是要严格按照工程建设的基本规律，根据水利水电工程施工现场的实际情况来制定一套科学合理的方案。

1. 水利水电工程施工组织设计的内容

从实践来看，水利水电工程施工组织设计的内容主要有：工程概况、施工部署、施工管理组织、施工方案、总施工进度、准备规划、平面布置图、资源需用计划、成本控制目标、指标计算和分析、安全及环境管理目标、施工项目质量管理体系的设计以及项目风险控制规划等。其中，施工方案与施工部署能保证有效解决施工过程中的组织指导思想以及相关的技术问题。

2. 水利水电工程施工特点及组织设计优化的必要性

水利水电工程建设是一个相对系统而又复杂的工程，自工程项目设计至施工，每个施工环节都涉及多个专业部门，由不同的工种进行联合施工；水利水电工程建设项目实际施工过程中，总是会用到很多大型的现代化机械设备，实际施工现场作业时，现场复杂人工与机械混合作业的情况较多，因此增加了水利水电工程安全施工的管理难度。并且多数水利水电工程项目建设都是野外露天作业，施工基础条件较差，因此施工之前应当做好前期准备工作。在水利水电工程施工组织设计过程中，相关设计人员一定要对现场及施工单位的具体情况进行全面的调查和掌握，这对于保证水利水电工程施工组织设计的合理性与可行性至关重要；水利水电工程施工组织设计过程中，一定要严格遵守国家及相关部门做出的设计标准与要求，这对于实现资源优化配置与提高施工工作效率，具有至关重要的作用。

（二）在设计中注重水利水电自动化的应用

在水利水电设计中要注重应用最新技术和机械，更好地提高水利水电自动化的应用，保证水利水电工程的效率和发展。

1. 重视信息自动化技术的使用

要想保证信息自动化技术在水利水电工程中发挥重要的作用，必须从思想上重视该项技术的实施。从资金的投入方面多做努力，信息自动化处理技术能够很好地解决工程建设时资料的搜集整理问题，只有掌握了准确、可靠的地理信息材料才能为工程方案的制定、施工提供可靠的保障。

2. 大力引进高素质人才

信息自动化技术需要一些高素质的操作人员来执行。只有素质高的工作人员才能真正地驾驭这些处理技术，现有的技术人员应该不断地加强自我学习，关注先进技术的发展和功能，这样不仅是增强自身竞争力的必然要求，同样也是对水利水电工程建设和国家经济发展的负责。

3. 建立完善的操作管理制度

健全的管理制度是工程建设所必须拥有的，这样既能使工作人员的施工有了可靠的依据，同时也对他们是一种良好的监督。对水利水电工程建设建立完善的制度，能够使工作人员严格按照信息自动化技术的操作程序进行工作，在保证该项技术得到充分使用的同时，也使工作人员的工作更加规范进而保证技术的效果。

（三）组织设计中一定要注意重视环境问题

水利水电工程是为了控制利用和保护地表及地下的水资源与环境而修建的。水利水电工程的兴建对周围地区的环境将产生一定的影响，如在工程施工期间施工中的土石方开挖运输回填以及多余土石方的弃土场建筑材料的使用，为工程建设使用的临时设施修建等工作需要破坏地表的植被会造成周围环境的破坏同时造成水土流失等。随着环境问题的加剧，我们需要在施工组织设计的时候就做好环境问题的准备。

1. 水土保持

按设计和合同要求合理利用土地。施工作业时表面土壤妥善保存，临时施工完成后，恢复原来地表面貌或覆土。施工活动中严格按合同要求采取设置截排水沟和完善排水系统等措施，防止水土流失，防止破坏植被和其他环境资源。

2. 视觉保护

在设计及建造时，考虑美观和与周围环境协调的要求。

3. 生态保护

在设计中要考虑周围自然环境的状况，对全体员工加强保护野生动植物的宣传教育，提高保护野生动植物和生态环境的认识，注意保护动植物资源，尽量减轻对现有生态环境的破坏，创造一个新的良性循环的生态环境。

4. 工程建设应与生态环境建设进行有机的结合

从解决施工中的生态环境问题中取得可观的工程效益，又可以提高资金的利用率和避免今后的重复建设，并通过水土资源的合理开发获得巨大的生态环境效益。土地综合利用是水利水电工程施工生态环境管理的核心，施工组织设计是对工程施工整个时空的安排，施工总体布置是对施工区域内施工空间的总体规划，变废为宝，化害为利，根据长远规划，有效地衔接临时建筑与永久性建筑同样可以减少用地和降低成本。

二、水利水电工程水工设计方案重要因素分析

（一）设计方案对比的重要性

一个方案的确定包括方案的拟定、方案的设计、方案的比较和方案的选择四个步骤，方案的拟定是根据工程开发的任务、规模，结合地形地质条件、建筑物布置、施工条件、环境影响等因素，经过分析，拟定两个或多个参与对比的方案；方案的设计是对各参选方案进行一定深度的设计，分析各方案的建设条件及工程对社会和环境的影响，估算各方案的投资、工期等，为方案的比较提供依据；方案的比较是结合比选因素，对各方案进行全面的比较，得出各方案的优劣；方案的选择是在方案比较后，经综合分析，推荐最优方案。

（二）设计方案对比原则

方案对比的首要原则是方案的设计和比较应实事求是，对各方案的利弊应进行科学和客观的分析。拟订方案时，不能凭设计或建设单位的意愿而故意舍弃可能较优的方案。方案设计时，对各方案应一视同仁，不能故意压减或做大某一方案投资方案比较时，不能由于偏好哪个方案，而重点分析和夸大其有利因素，而故意凸显该方案的优点。

方案设计完成后，应结合对比因素对各方案进行全面综合的比较。比较前应列出影响方案比选的各种可能因素。比较时应针对各对比因素按顺序进行详细的分析和对比。进行工程量和投资比较时应计入影响投资比较的所有项目。方案对比应抓住关键因素，对比前应分析哪些因素为关键因素和控制因素，哪些是次要因素，如果各方案各有优劣且难以抉择时，对关键因素应进行重点分析和对比方案比较的结果应明晰，针对各对比点应明确的结论，在报告编制中应将比较结果列表。

（三）方案设计

对水工设计来说，建筑物的型式、布置和工程处理措施等应根据设计条件的变化而有所不同。场址不同时，由于地形地质条件等不一样，建筑物的型式、布置等有所差别。坝址比选中，各参选方案的坝型、枢纽布置等会由于场址的不同而可能不一样，而不仅仅是工程量和投资等的差别。长距离输水渠道中，渠道的型式、断面尺寸等随着渠段所处位置和地形地质条件的变化而变化。

（四）工程投资

工程投资决策阶段要对工程建设的必要性和可行性进行技术、经济评价论证，对不同的开发方案（如海堤走向、工程规模、平面布置等）进行分析比较，选择出最优开发方案。海上工程要充分考虑海上作业风大、浪高、潮急等恶劣的自然条件，以及台风大潮带来的风险等多变因素，科学地编制投资估算。这是工程造价全过程的管理龙头，应适当留有余地，不留缺口。

三、水利水电工程规划的各影响因素分析

水利水电工程项目投资大、工程量大、工期长、影响因素多、技术复杂，为保证工程方案决策的正确性，必须对工程项目的影响因素进行分析，亦即在工程方案进行多目标决策之前从政治、社会、经济、技术、生态环境和风险等方面，运用系统分析的思想和方法，对工程方案进行较全面和客观的描述和评价。

（一）技术影响因素分析

在水利水电工程规划设计阶段，通常考虑的技术因素有装机容量、保证出力、多年平均发电量和年利用小时数等这些能够反映电站技术特征的因素。

装机容量选择是水利水电工程规划设计的重要组成部分，它关系着水电站的规模和效益、投资方的投资回报和水资源的合理开发利用。装机容量选得过大，电力市场短时期无法消纳，投资回收期增长，投资回报率降低；装机容量选得过小，水力资源得不到合理利用，水电站的经济效益不能得到充分发挥。因此，装机容量选择是一个复杂的动能经济设计问题。装机容量的大小取决于河流的自然特性即河流径流大小及其分配特性与水库的调节性能、水电站有效利用水头、生态环境影响、征地移民、电站的供电范围、电力系统负荷发展规模及其各项负荷特性指标、地区能源资源、电源组成及其水电比重等因素。对于流域水电站装机容量选择，还要充分考虑其上、下游梯级的运行原则、已建和在建水库梯级对设计电站的水力补偿作用、区域电网联网等因素，水能的综合利用、跨区域送电对装机容量的影响等因素的影响。

正常蓄水位是水利水电工程的一个主要特征值，它主要从发电的投资和效益方面进

行计算，并结合防洪、灌溉、航运等效益进行综合分析。正常蓄水位的大小直接影响着工程的规模，而且影响着建筑物尺寸和其他特征值的大小。正常蓄水位定得高，水库库容就大，水能利用程度高，虽然水库的调节性能和各方面效益都会比较好，但是相应的工程的投资和淹没损失较大，需要安置移民多；正常蓄水位定得很低时，则可能所需的防洪库容不够，水能利用程度低，其他防洪、发电、航运等效益都会相应降低。可见选择正常蓄水位的问题是一个多影响因素的问题，需要慎重的比选研究。

装机利用小时数是水电站多年平均发电量与装机容量的比值。它既表示了水电站机组的利用程度，又表示了水能利用的程度，是水电站的一项动能指标。一座水电站的装机利用小时数过高或过低都是不合理的。装机利用小时数过高表明虽然水电站机组利用程度比较高，但水能利用的程度过低；装机利用小时数过低，表明虽然水电站水能利用比较充分，但机组利用程度过低。

另外，水利水电工程对地质条件的要求很高，工程的规模及后续的施工难度大都与其有直接小关系，一般认为水库的坝高和库容与地质构造和岩性、渗漏条件、应力状态及区域地质活动背景等因素有关，因此，在决策时应对库区地质情况进行严谨的分析。

（二）经济效益影响分析

方案的经济效益比较是建设项目方案决策的重要手段，目前水利水电工程项目的经济评价常采用的是费用－效益分析方法。因此，影响水利水电工程方案决策的经济因素主要可从投资及效益两方面进行分析。

1. 投资应考虑因素

水利水电工程进行经济评价时的经济指标包括工程总投资（或工程各部门投资）和年运行费。水电站的投资大致分为两部分：一部分与装机容量无直接关系，如坝、溢洪道建筑物及水库淹没措施投资；另一部分与装机容量有直接关系，如机组、输水道、输变电设备及厂房投资。投资指标包含的评价指标，一般选取总投资、年运行费、单位千瓦投资、单位电能投资、投资回收年限或内部收益率。在投资回收年限和内部收益率选取时采用“或”运算，即选取其中任一指标就可以参与投资指标的评价。另外水电投资项目财务盈利能力主要是通过财务内部收益率、财务净现值、投资回收期等评价指标来反映的，应根据项目的特点及实际需要，将这些指标归入决策考虑范围之内。

2. 效益应考虑的因素

水电投资项目的效益包括直接效益和间接效益。直接效益是指有项目产出物产生并在项目范围内计算的经济效益。水利水电工程投资项目的直接效益一般指项目的发电效益，对发电工程，年平均发电量与年平均发电效益这两个指标，年发电效益等于年发电量乘以电价，它们之间的差异为一常系数电价。这两个指标具有包容性，因而在指标体系中只需选择其中之一。间接效益是指项目为社会做出的贡献，而项目本身并不直接受益。一般指除发电效益外，为当地的防洪、灌溉、航运、旅游、水产养殖等带来的效益，此外项目的厂外运输系统为附近工农业生产和人民生活带来的效益，项目对促进所处相对落后地区的社会、经济、文化、观念的发展带来的综合效益等。这些效益有些是有形的，有些是无形的，有些可以用货币计量，有些是难以或不能用货币计量的，在方案的评价中应对这些不能用数量计量的因素进行量化评价。

（三）社会影响因素分析

水利水电工程建设项目是国民经济的基础设施和基础产业，涉及影响范围广，很容易产生复杂的社会问题。水利水电工程具有很强的政策性，它有水土资源优化与分配、区域经济和社会协调与平衡作用，因此在进行工程方案评价时，必须认真贯彻有关国家和地方以及流域机构的各项法规政策，考虑工程对整个社会发展的各项影响因素。只有这样，水利水电工程的成果才能更好地服务于社会，才能确保促进实现社会的可持续发展。

水利水电工程建设项目的社会影响，主要是分析工程方案的实施对社会经济、社会环境、资源利用等国家和地方各项社会发展目标所产生的影响的利与弊，以及项目与社会的相互适应性、项目的受支持程度、项目的可持续性等方面。它是依据社会学的理论和方法，坚持以人为本、公众参与、公平公正的原则，研究水利水电建设项目的社会可行性，并为方案的选择与决策提供科学的依据。综合水利水电工程对社会的影响可归纳为以下几个方面：

1. 水利水电工程社会影响因素内容广泛，首要考虑的就是由于兴修水库而产生的淹没和移民问题。居民的房屋土地等主要的生产、生活资料等生存条件被淹没，并且必须动员人口迁移。如果安置不妥，既影响工程进度，也会给社会带来一些不安定的因素。迁移和安置难度的大小跟淹没的房屋耕地、迁移人口和淹没投资指标等紧紧相连，因此，此类评价指标必须作为评价工程方案的主要社会因素考虑。

2. 水利水电工程兴建的出发点是为满足社会用电需求，兼顾防洪、灌溉、航运、养殖、供水、旅游等。除此之外，水利水电工程兴建的同时，还可以带动当地社会经济的发展。这主要包括对国家和工程所在地区农业发展的影响、对能源与电力工业的影响，以及对林、牧、副、渔业发展的影响和对旅游事业发展的影响等，对提高当地人口素质、增加劳动力就业机会、对保证社会安全稳定以及对国家和地区精神文明、科技、文教卫生工作及对加快贫困人口脱贫等也会产生影响。例如，水电工程的兴建所需要的建筑材料、建筑机械、电站设备的运输和大量施工人员的进入以及水库淹没移民搬迁，这些都需要修建公路或者码头等交通设施以及有关公共设施，为施工生产、生活物资的供应提供便利，也促进了当地商品经济和第三产业的发展。

3. 水利水电工程对促进文化、教育、卫生事业发展也会产生积极的影响。由于项目的建设与投入运行，将给项目区的文教、卫生、社会福利等多方面带来积极的影响，可以提高项目区的生活文化娱乐、医疗卫生事业基础设施的建设水平，使项目区内各项福利设施与条件有所改善。例如，在移民安置过程中，移民的生产生活条件得到了较大改善，移民从广播、电视、网络等各种信息渠道了解国家和党的政策，增加科学知识，文化生活得到丰富，促进了移民的精神文明建设。

4. 建设项目的政府支持率及公众参与方面也对项目方案的决策起着很大作用。项目的参与包括：对项目方案决策的参与，以及在项目实施过程中的参与等。因为修建水利水电工程，当地大部分群众的态度意见，特别是当地有关政府主管部门的态度很重要。因此，为了反映当地人民对枢纽工程方案实施的态度，在方案的决策中考虑了这一指标。

5. 水利水电项目和社会的相互适应性是指项目与项目影响区域协调性、适应性，就是通过分析项目与项目影响区域的经济、社会、环境等国家和地方发展目标的协调度来反映项目与社会的相互适应性，以确保水利水电项目能促进社会的进步与可持续发展。通常一个项目的建设和实施不仅影响工程所在地区，它所影响的区域范围往往更大，因为水库的建设不仅要改变所在地的自然、社会、经济等环境，还会改变工程上下游流域的自然、社会等环境。所以，研究项目与区域社会经济和环境的协调是非常必要的。

综上所述，在评价方案的社会影响因素时，应主要考虑移民人数、淹没耕地，工程各综合利用部门间的矛盾程度，与工程有关的各地区间的社会经济矛盾程度、地方人们态度、地方政府态度、对地方经济的带动、对地方文化的带动等因素，其代表性较好，而且指标体系比较简捷。

（四）对生态环境的影响分析

近一个世纪以来，由于水利水电工程建设的加快，所引起的生态环境问题也越来越受到人们的重视。为了更好地利用水资源，人们在水利水电开发过程中对生态平衡与环境保护问题的关注日益加强。水利水电工程对生态环境的影响是巨大而深远的。不同的水利水电工程项目由于所处的地理位置不同，或同一水利水电工程的不同区域，其环境影响的特点各异。水利水电工程属非污染生态项目，其影响的对象主要为区域生态环境。影响区域主要有库区、水库上下游区。库区的环境影响主要是源于移民安置、水库水文情势的变化，坝上下游区的环境影响主要源于大坝蓄水引起的河流水文情势变化。水利水电工程的环境影响大多从规划、建设和运行三阶段来分析，生态环境的影响主要有：

1. 水利水电工程修建后，水库蓄水产生的淹没损失及移民的安置等问题，由于生活条件的改变，如果工作做不到位，很容易产生安置不当引起的社会的不安定。另外，由于大部分淹没区为耕地，在我国人多、耕地少的条件下，应尽量减少耕地的淹没损失。

2. 水利水电工程修建后，由于筑坝挡水，会改变工程所在区域的水文状况，下游河道水位降低或河道下切，河流情势的变化对坝下与河口水体生态环境也会产生潜在影响.

3. 水库蓄水后，由于岸坡浸水，岩体的抗剪强度降低，在水库水位降落时，有可能因丧失稳定而坍滑，严重时有可能诱发地震。

4. 水库蓄水后，会引起库周地下水位抬高，导致土地盐碱化等。

5. 水库蓄水后，水体的表面面积增大了，蒸发量也变大，水资源的损失是非常严重的。

6. 水库筑坝蓄水后，对水生物特别是鱼类有重大影响。

7. 水库蓄水后，形成湖泊，水体稀释扩散能力降低，淹没的植物和土壤中的有机物质进入水中的营养物质会逐渐增多，因此，库尾与一些库湾易发生富营养化。

8. 一些水库蓄水后，水温结构发生变化，可能出现分层，对下游农作物产生危害。

9. 筑坝截水后，会改变泥沙运行规律，导致局部河段淤积或河口泥沙减少而加剧侵蚀。例如，水库回水末端易产生泥沙淤积、流入水库的支流河口也可能形成拦门沙而影响泄流、下游河道有可能造成冲刷等。

10. 水库蓄水后，水面增加，蒸发量增加，下垫面改变，对库周的局部小气候可能产生影响。

11. 对库区人群健康会产生影响，往往移民动迁也会导致一些流行疾病，如一些介水传染病如肠炎、痢疾和肝炎等较为常见。

（五）风险因素分析

由于水利水电工程项目是一次性投资且投资额度，水利水电投资项目的投资动辄百万、千万、上亿元人民币，像三峡、小浪底等大型水利水电工程投资往往上百亿、上千亿，建设规模大，周期长，技术风险和经济风险大，涉及的面宽，从项目决策、施工到投入使用，少则几年，多则十几年，在这段时间内充满了各种各样的不确定性。工程受自然条件影响很大，主要是受气候、地形、地质等自然条件影响大。而在这些自然条件中，存在着许多不确定因素，这些不确定因素会给水利水电工程建设带来巨大的风险。并且在项目的实施过程中，由于项目所在地的政治、建设环境和条件的变化、不可抗力等因素都可能会给项目建设造成一定的风险。

因此，近年来我国政府完善了工程项目投融资体制，明确了投资主体，明晰了投资活动的利益关系，初步建立了投资风险约束机制。在国外，风险管理是工程项目管理中重要的一部分。在我国随着水利水电项目的工程建设模式与国际接轨，水利水电工程建设体制也有了进一步的深化，风险管理也就越来越受到水利水电工程界的重视。所以建立水利水电投资项目风险评价指标体系，在工程规划方案中考虑风险指标规避风险、减少损失是规划设计阶段不可缺少的部分。

水利水电工程的风险来自与项目有关的各个方面，在工程建设项目立项准备、实施、运行管理的每一个阶段及其各阶段的横向因子，都存着各种风险。凡是有可能对项目的实际收益产生影响的因素都是项目的风险因素。水利水电项目风险因素分析通常是人们对项目进行系统认识的基础上，多角度、多方面地对工程项目系统风险进行分析。风险因素分析可以采用由总体到细节、由宏观到微观的方法层层分解。从这个角度出发来进行的风险因素的分析如下：

1. 政治风险

政治风险是一种完全主观的不确定事件，包括宏观和微观两个方面：

（1）宏观政治风险

宏观政治风险指在一个国家内对所有经营都存在的风险。一旦发生这类风险，方方面面都可能受到影响，如全局性政治事件。

（2）微观风险

微观风险仅是局部受影响，一部分人受益而另一部分人受害，或仅有一部分行业受害而其他行业不受影响的风险。

政治风险通常的表现为政局的不稳定性、战争状态、动乱、政变的可能性、国家的对外关系、政府信用和政府廉洁程度、政策及政策的稳定性、经济的开放程度或排外性、国有化的可能性、国内的民族矛盾、保护主义倾向等。

2. 经济风险

经济风险是指承包市场所处的经济形势和项目发包国的经济实力及解决经济问题的能力等方面潜在的不确定因素构成的经济领域的可能后果。经济风险的主要构成因素为：国家经济政策的变化、产业结构的调整、银根紧缩、项目产品的市场变化、项目的工程承包市场、材料供应市场、劳动力市场的变动、工资的提高、物价上涨、通货膨胀速度加快、原材料进口风险、金融风险、外汇汇率的变化等。

3. 法律风险

法律风险如法律不健全，有法不依、执法不严，相关法律内容的变化，法律对项目的干预；可能对相关法律未能全面、正确理解，项目中可能有触犯法律的行为等。

4. 自然风险

自然风险如地震、风暴、特殊的未预测到的地质条件，反常的恶劣的雨、雪、冰冻天气，恶劣的现场条件，周边存在对项目的干扰源，水电投资项目的建设可能造成对自然环境的破坏，不良的运输条件可能造成供应的中断。

5. 社会风险

社会风险包括宗教信仰的影响和冲击、社会治安的稳定性、社会的禁忌、劳动者的文化素质、社会风气等。

目前风险分析的方法很多，如 Monte Carlo 模拟法、敏感性分析法、故障树分析法、调查和专家打分法、模糊分析方法等。

四、水利水电工程设计中存在的问题及改进措施

在水利水电工程中，设计阶段是一个非常关键的环节，因此设计部门要重视设计这一环节，确保水利水电工程的顺利开展。水利水电工程设计工作主要包括规划工程项目、可行性研究、初步设计以及施工设计等相关的设计工作。由于水利水电工程技术难度较大以及投资数额较大，所以会影响工程设计的可行性、合理性以及经济性。现阶段，水利水电工程设计中存在着一系列问题：

（一）水利水电工程设计过程中常见的问题

1. 规划设计的资料不够完善

在选择设计方案的时候，要充分考虑水电站地质、水资源、水文以及气象等相关因素，因此在设计之前，设计师要掌握详细的信息。在实际设计过程中，一部分设计师直接使用字段数据以及类似项目，这样做虽然缩短了时间以及减少了经济投入，但是会引发后续问题。在设计方案的时候，要引入一些计算公式以及水文数据，并在此基础上选择数据结构的水电站坝址、布置等相关情况，避免一些不必要问题的出现。此外，在水利水电设计过程中，存在着评审审核力度不够，有些审核校对流于形式等问题；评审机构也存在权责不明，管理人员的素质不高，没有能力去校核设计图纸等问题，另一个质量控制缺失体现在细节设计完善的安全保障体系，从上至下齐抓共管。建筑企业要考虑施工安全操作与防护需要，按照相关法律法规及工程建设标准进行施工设计，监理单位要严格执法，按法律法规及工程建设标准实施工程的有效监理，一旦发现存在安全事故的隐患必须要求施工单位立即整改，情况严重的令其暂停整顿。

2. 报告编制欠缺规范性、严谨性

（1）有些水利水电工程设计报告的设计章节编排混乱，甚至出现如水土保持项目设计、环境影响评价等章节缺失的现象。并且很多设计由于种种原因而不进行实地勘察，借助以往的资料或其他地区的资料进行设计，使设计与实际情况严重脱节。

（2）对报告没有进行科学、详细的经济分析与评价，在总体方案设计确定后就忽略对具体结构环节的设计方案比较，同时对报告采用静态分析法或因考虑影响因素不全而使经济分析与评价缺乏深度，影响工程的可行性判断。

（3）部分项目设计涉及水文、水力学、结构力学等方面的计算太过轻率，使得出的结论与实际情况相差甚远。在实际施工中，会出现由于设计上的缺陷，致使在大坝未完工前就出现渗漏或绕漏的现象，溢洪道、导流墙等建筑物出现不同程度的变形及混凝土裂缝现象。有些设计者为了加大安全系数但又不去实地考察工程的特点，便肆意提高工程设计标准，增大资金投入，造成投资浪费。

3. 设计人员的素质较低

中小水电站的设计人员主要是由不同职业或者专业的专业人员组成的，由于设计人员缺乏整体的概念，因此，在设计过程中会出现一系列的问题，最终会出现重复建设施工等相关问题。在水利水电工程设计过程中，由于设计人员的素质比较低，从而会影响水利水电工程的整体质量。

（二）解决水利水电工程设计中问题的措施

1. 不断提高设计质量的管理水平

为了保证工程设计的质量，为建设优质工程奠定良好基础，必须在产品设计过程中加强有效控制，使设计质量满足相关规定的要求。编制施工组织计划，制定施工技术规程建设、监理、设计、施工各方要根据国家有关施工规范，结合本工程特点和施工单位的实际情况等因素制定切实可行的施工组织设计和针对本工程的施工技术规程。

各个参与设计的部门都要切实执行 ISO 9001 质量体系文件中的规定，在设计过程、设计记录、设计文件等方面都要制定严谨的控制程序，设计人员也要具有认真负责的工作态度，全身心地投入设计中去，时刻关注工程的进展情况，根据不同需求提供高质量的设计图纸及技术报告。

2. 工程设计的论证、分析及经济评价

只有通过充分的比较分析和论证，才能保证设计方案在经济、技术等方面的科学性和合理性，主要包括：建筑物的设置和工程采取的措施要经过必要性的论证，建筑物的布置和规模尺寸的确定要有足够的科学依据，并且布置必须符合相关的各种标准，结构和尺寸还要经过精确计算和模型实验来反复验证。

另外，设计还要满足实用性和可操作性强的要求，制定相关处理措施保证其安全性和耐久性。在设计采用的施工技术时，要尽量采用成熟技术或是易操作的技术，把施工技术风险降到最低。如果要想运用先进的创新技术，必须先要经过专业部门充分论证其可行性。同时，设计要充分考虑工程建设时对周围生态环境和社会环境的影响，力求影响降到最低。设计的经济评价是判定一项工程是否可行的重要依据，这部分内容必须在设计报告中予以体现。对于水利水电工程的经济评价要采用动态的分析方法进行财务评价和社会效益评价，必要时还要进行敏感性分析，综合考虑投资、效益及运行费等因素最后得出公正、客观的评价结果。

3. 重视工程设计前期的实地勘测工作

对一项优质的水利水电工程来说，要将设计前期的实地勘测作为基础。在勘测过程中，设计部门要投入使用技术先进的勘查设备，配备高素质的专业工程技术人员，认真做好有关工程的地质、水文、资源及生态等资料的搜集和获取，搞好上下游水文站的测验资料平衡检验，整理汇总成完整的地质资料。

4. 确保资料的准确性

在规划设计水利水电工程的时候，要严格审查以及复核水文基本资料。由于水利水电工程设计会受到基础资料、地理、环境以及人文等相关因素的影响，因此，要认真核查水利水电工程设计的相关资料，从而确保设计成果的可靠性以及真实性。为了保证水利水电工程的整体质量，要推行设计监理工作。在水利水电工程项目开工之前，要具备批准的初步设计，并且要建立科学的施工图审查制度，避免水利水电工程出现不必要的问题。

5. 不断提高设计人员的综合素质

设计人员的综合素质影响着水利水电工程设计的科学性以及合理性。对水利水电工程设计人员来说，要不断加强设计人员的设计水平，并且要不断更新设计理念。

（1）在水利水电工程设计过程中，要引进国外先进的水利水电工程的新技术、新工艺以及新材料；

（2）设计部门要引进高素质的人才；

（3）设计者要搜集相关的工程资料以及相关的信息，从而不断增强设计人员的灵活性；

（4）要制定科学的、合理的施工方案以及运行管理等方案，确保水利水电工程的顺利开展。

第二节　水利水电大坝工程基础的处理设计

现阶段，国家经济增速发展，带动着基础设施工程建设。在农业生产领域中，水利水电大坝发挥着重要的作用。因为作业环境复杂，所以对施工作业的质量有着更高的要求。尤其是工程基础部分，其长期处于水面以下，极易受到水浸润以及侵蚀的影响，出现各类问题。如果质量不达标，则极易造成质量事故。基于此，强化此课题的分析，提出基础设计有效措施有着重要的意义。

一、水利水电大坝工程基础处理特点

对水利水电大坝工程，其基础部分，采取处理措施能够提升基础部分的质量。此项工作具有以下特点：

（一）危险因素多

由于大坝工程施工条件较差，地质结构复杂，因此未知因素较多，难以轻易确定，实现理论控制。基于此，做好基础把控有着重要意义。若基础设计缺乏科学性和准确性，会增加工大坝工程危险系数，极易造成安全事故或者自然灾害。

（二）大坝工程技术复杂

大坝工程投入使用后，受到地质环境的影响，使得大坝下部极易受到影响。基于此，在开展施工作业前，要做好施工现场勘探，必要时要做好现场试验检测。

（三）大坝工程质量评估难度大

由于大坝基础部分为隐蔽工程，因此工程收工后，质量评估以及检验的难度较大。工程质量如何，需要从其运行情况来说，但是若运行阶段地基基础出现质量问题，再进行返修，工作难度较大。基于此，要做好基础处理设计质量的把控。

二、水利水电大坝工程基础处理设计实例分析

（一）案例概述

以某工程为例，设计库容为 1.03 亿立方米，具有防洪功能、灌溉功能、发电功能、水产养殖功能，同时为附近多个城镇，提供生产和生活用电，并且提供生产生活用水。其建设内容主要包括主坝、副坝、发电站以及溢洪道等，水坝设计为混凝土重力坝，设置在河谷出口位置，整体长度为 235m，高度为 45.6m。通过对地质条件进行勘查分析，发现岩体渗水性较大，极有可能存在软弱夹层，抗剪强度低，难以达到基础稳定性以及可靠性的要求，因此，要做好基础处理设计工作。

（二）大坝工程基础处理设计

1. 基岩加固

因为坝基所在岩层位置的承载力差，基础部分的稳固性以及承载力较差，要对其进行加固处理。采取固结灌浆法，对基岩进行加固处理，增强基岩强度，改善防渗性能。为保证操作质量，要从各方面入手，做好固结灌浆分析以及设计。此工程设计中，固结灌浆处理范围把控在 15~25m 范围内。结合坝基应力实际情况，明确各个位置的固结灌浆处理深度，具体如下：

（1）河床段处理深度控制为 7~9m；

（2）两岸拱座部分处理深度为 8~11m；

（3）对于部分地质缺陷的坝段，处理深度控制为 10~15m 范围。

2. 开挖方式

对于大坝工程基础部分的处理，通常采取台阶式开挖作业方法。考虑到台阶的高度以及宽度，极大程度上受大坝坝体稳定性以及抗滑安全性等因素的影响。开展基础处理

设计时，要保证台阶宽度处于合理范围内，要比坝底宽 50% 左右，并且相邻台阶的高度差，其不能大于 10m。为确保坝体的稳定性以及应力平衡，要适当调整坝基面，使其向上游倾斜 7° 。对于边坡高度，结合具体情况，设计为 60m，以 10m 为间距，并且在各级边坡面上布置锚索，做好保护措施。

3. 基面处理

经过地质勘查作业，发现在基面局部位置，存在着断层以及软弱夹层等地质问题，要采取相应的措施，保证大坝工程基础部分施工质量。对于大坝工程存在的断层以及溶洞等问题，采取混凝土灌注作业法。先开展清理作业，再使用混凝土，开展灌注回填作业，为大坝工程基础施工作业，提供较好的地质条件；对大坝工程软弱夹层，采取掏挖的方法处理，把掏挖深度把控在夹层宽度 1.5 倍左右，深挖作业时，对于夹层密集区域、交汇位置，要采取可靠处理措施。

4. 其他处理

开展水利水电大坝工程基础施工作业，若出现钻孔遗漏，会极有可能影响大坝工程基础整体的稳定性。基于此，要做好平洞以及钻孔清理、回填工作。在设计时，要做好深度勘探，确定平洞和钻孔直径以及深度等，保证基础处理的有效性。若有必要，要做好拱座应力分布分析，运用有限元计算法，合理调整平洞清理以及回填，确保基础处理的效果。

三、水利水电大坝工程基础处理设计策略总结

（一）合理选择地基处理技术方法

在水利水电大坝工程中，对于基础处理，要合理选择地基处理技术方法。目前，基础处理常用方法如下：

1. 固结灌浆

一般来说，坝基固结灌浆施工作业，多采取孔内循环分段式灌浆方法，从上向下循环。在施工作业中，依据河床的上下游河段，开展施工作业。作业时大坝碾压高度会不断提高，因此要做好固结灌浆孔施工质量的把控，保证施工作业的安全性和稳定性。

2. 帷幕灌浆

运用帷幕灌浆施工工艺，开展基础处理，钻孔部分是核心，因此要做好施工质量的严格把控。钻孔孔径不可以大于 91mm，终孔孔径必须大于 56mm。使用专用设备，检测帷幕灌浆钻孔的倾斜程度，检测间距把控在 5~10m 范围内，孔斜要控制在合理范围内。

3. 地基置换

对于水利水电大坝工程，在施工建设时，需要进行地基置换。为确保大坝结构运行

的稳定性，必须在相应的条件下，适当拓宽置换宽度。在选择地基处理方法时，要结合具体情况来选择，保证工程处理效果。

（二）合理选择基础开挖方式

在进行水利水电大坝工程基础处理设计时，要结合工程具体情况，来选择基础开挖方式。严格按照相关规定，控制台阶的高度以及宽度，保证基础开挖能够达到工程相关标准。对坝基面，要做好上斜角的把控。一般来说，对于基面的上斜角的把控，要控制在 7° 左右，进而保证坝体的稳定性和安全性。在设计中，要明确各类施工要求，保证坝体自身的稳定性得以有效控制，保证大坝安全建设。在具体设计时，设计人员必须坚持从实际出发的原则，做好开挖要点的把控，保证开挖设计的合理性。

除此之外，要确定开挖高度。开展基坑开挖作业，要做好高程坝高度的测量以及把控，积极改进河床，避免大坝基础受到风因素的影响。基坑的工程建设工作中，施工单位需要对岩体进行深入分析与选择，切实保证岩体与实际施工建设的需求标准相一致，从而保证大坝稳定的安全性。

（三）基渗流控制

在设计中，对于基渗流控制，要从以下两方面入手：

1. 设置防渗帷幕

水利水电大坝工程中，采取防渗帷幕的方式，能够获得不错的效果。设计时要从实际出发，严格按照设计规范，做好防渗帷幕各项参数的合理把控，保证其作用充分发挥。

2. 设置基础排水

水利水电大坝中的坝基，其设置的排水孔，能够实现坝基扬压力的有效控制。对于排水孔的设置，可在防渗帷幕后，设置基础排水孔。选择水垫塘附件上，布置排水孔，并且要做好技术参数的把控，对于孔距设计为 3m，对于孔径设计为 90~113mm 范围。通过强化设计，保证设计成果的质量。

第三节　水利水电中水闸的设计

水闸的设计是非常复杂的，它不仅有主观的因素，还有客观的因素。堤防之险在于闸，水闸之险在于基，水闸的地基处理是水闸设计中的重点和难点。当天然地基不能满足承载力和沉降要求时，在满足水闸抗滑稳定的前提下，设计人员首先考虑采用轻型结构、增加水闸结构刚度等结构措施。

一、水闸的组成部分及其作用

（一）水闸

闸室是水闸挡水和泄水的主体部分，通常包括底板、闸墩、闸门、胸墙、工作桥及交通桥等。底板是闸室的基础，承受闸室的全部荷载，并较均匀地传给地基。此外，还有防冲、防渗等作用。闸墩的作用是分隔闸孔并支承闸门、工作桥及交通桥等上部结构，闸门的作用是挡水和控制下泄水流，胸墙是用来挡水以减小闸门高度，工作桥供安置启闭机和工作人员操作之用，交通桥是为连接两岸交通设置的。

（二）上游连接段

上游连接段的主要作用是引导水流平顺地进入闸室，保护上游河床及河岸免遭冲刷并有防渗作用，一般由上游护底、防冲槽、翼墙及护坡等部分组成。上游翼墙的作用是引导水流平顺进入闸孔并起侧向防渗作用。铺盖紧靠闸室底板，其作用主要是防渗，应满足抗冲要求。护坡、护底和上游防冲槽是用来防止进闸水流冲刷、保护河床和铺盖。

（三）下游连接段

下游连接段具有消能和扩散水流的功能，使出闸水流在消力池中形成水跃消能，再使水流平顺地扩散，防止闸后水流的有害冲刷。下游连接段通常包括下游翼墙护坦、消力池、海漫、下游防冲槽以及护坡、护底等。下游防冲槽是海漫末端的防冲保护设施。

二、关于水闸的设计

（一）坚持水闸的选址原则

在水闸建设过程中，水闸的选址是非常关键的环节。分析已建水闸工程的失事，其主要原因往往是闸址地质条件不好，或虽然经过人工处理但仍未处理好，属于不良人工地基，导致水闸失稳、渗透破坏或者冲刷破坏。水闸选址的原则是水闸稳定安全、能够较好地满足水闸的使用要求、水流流态稳定、水闸便于管理、造价经济。

针对上述情况，在满足水闸使用要求和管理的情况下，水闸在选址时应根据水闸的地质条件和水文条件选择地质条件良好的天然地基，最好是选用新鲜完整的岩石地基，或者是承载能力大、抗剪强度高、压缩性低、透水性小、抗渗稳定好的土质地基。如果在规划选址的范围内实在找不到地质良好的天然地基，只能对天然地基进行技术处理。

（二）水闸地基的处理方法

1. 水闸地基处理的适用方面

（1）增加地基的承载能力，保证建筑物的稳定。

（2）消除或减少地基的有害沉降。

（3）防止地基渗透变形。

2. 水闸地基处理的方法

目前国内在增加水闸地基承载能力和减少地基有害沉降的处理方法方面最常用的是垫层法、砂井预压法、灌浆法和桩基法，加载预压法、超载预压法和真空预压法因所需工作面广和预压时间长，目前使用较少，强夯置换法、振动水冲法。因实践经验比较少，现正处在探索过程中。

（1）桩基法

桩基法是常用于竖向荷载大而集中或受大面积地面荷载影响的结构以及沉降方面有较高要求的建筑物和精密设备的基础，桩基能有效地承受一定的水平荷载和上拔力。桩基按施工方法分可分为预制桩和灌注桩两大类。

（2）复合地基法

复合地基一般是指天然地基在地基处理过程中被置换或增强而形成的由基体和增强体两部分组成的人工地基。复合地基根据桩体材料的性质一般可分为三类：散粒体材料桩复合地基、柔性桩复合地基和刚性桩复合地基，也有学者将柔性桩中强度较高的桩细分为半刚性桩复合地基。由于桩体材料不同，各类桩的加固机理、适用条件和施工工艺也有很大差异。

（3）木桩加固法

木桩加固法属于桩基法中的一种，此方法是一种十分古老的地基加固方法。由于木桩加固设计简单、施工方便、不受环境限制、取材方便，直至20世纪60年代初，受技术和经济条件限制，国内水利行业对较深厚的软土闸基处理仍缺乏足够的手段和办法，采用木桩加固地基几乎成为唯一的选择。木桩的设置一般有两种方法，一是将木桩桩头与闸底板浇注在一起，形成类似桩顶较接的深基础；另一种则在木桩桩顶设碎石垫层，实际上属于复合地基的一种。

近年来广东省在水闸安全鉴定中发现，无论采用哪种设桩方法，相当数量采用木桩基础的水闸都出现了险情，破坏主要表现在桩体腐朽导致水平和竖向承载力不足、闸基桩土变形不协调等。

（4）预压法

预压法是通过预先加载，加速场地土排水固结，以达到减少沉降和提高地基承载力的目的。该方法特别适用于在持续荷载作用下体积会发生很大压缩，强度会明显增长的土，如淤泥质土、撇泥和冲填土等饱和黏性土地基等。但此方法也有明显的缺点，由于闸基地下水一般与河水连通，围封、降水难度大，场地土往往需要比较长时间的预压才能完成固结沉降，对施工工期紧的工程，一般较少使用该方法。预压法加固软黏土地基是一种比较成熟的方法，在水闸施工期许可的前提下，采用真空—堆载联合预压法也不失为一个很好的选择。

（5）换土垫层法

换土垫层法属于置换法，也是一种古老的、相当成熟的地基处理方法。该方法加固原理比较清楚，施工简便，施工质量易于保证，是浅层地基处理的首选。

为避免工程造价过高以及增加基坑支护费用，一般换填深度小于 3m。如软弱土层小于 3m，下卧层地基承载力较高时，将软弱土层完全挖除换填后，一般均可满足水闸对承载力和变形的要求。如果软弱土层比较厚，仅能换上层软弱土时，应尽量避免采用换土垫层法处理闸基，因为换填后虽然可提高基底持力层的承载力，但水闸地基的受力层深度相当大，下卧软弱土层在荷载下的长期变形可能依然很大。实践表明采用换土垫层法处理的地基出现问题的相对比较少，故至今仍是水闸淡层地基处理的主要方法之一。

三、水闸消能防冲方法设计

（一）水文条件的变迁

河网区联围筑闸改变了原来河网分流条件，使主河道水位雍高。

河道滩地的码头、工厂、道路以及众多的占用河道断面的桥墩，这些设施除了束窄了行洪断面外，还改变了河道原来的天然状况，改变了水流的边界条件，加大了糙率，因而雍高水位。

（二）河道地形的变迁

一般来说，天然河道随季节的变化其来水量在变化，其含砂量也在变化，河床总是时冲时淤，处于动态平衡状态。若河道上游筑水库，则拦截了洪水，削平了洪峰，亦拦截了泥砂。洪峰值少，夹带泥砂少，改变了天然的动态平衡状态，河道筑闸后，加剧了这种不平衡状态。

由于水闸消能设计的控制工况是：保持闸上最高蓄水位，宣泄上游多余来水量，下游水位取下限值；水闸防冲设计的控制工况是：水闸泄放最大设计洪水量，相应下游水位最低，所以，由于下游河床不断降低，下游水位低值也随之降低，随河道变迁出现的新低水位低于原设计工况的下限低值，原控制条件就不能适应变化了的河床，消能防冲效果必然差，很多水闸经常发生护坦或海漫被冲坏的情况。

第四节　水利水电泵站工程建设的规划设计与施工管理

一、水利水电泵站工程建设的合理布置

水利水电泵站工程建设首先要把主要建筑物布置在适当位置，然后根据辅助建筑物的作用进行合理布置。

（一）灌溉泵站总体布置

如果水源与灌区控制高程相距远，同时二者之间的地形平缓，那就考虑采用有引渠的布置形式。这种形式一方面能够让泵房尽可能地靠近出水池，从而缩短出水管道的长度；另一方面能够让泵房远离水源，进而尽可能地降低水源水位变化对泵房的影响。在引渠前，通常要设置进水闸，以便于控制水位和流量，保证泵房的安全，并在非用水季节关闭，避免泥沙入渠。

（二）排水泵站总体布置

在实际的工程建设中，可以发现由于外河水位高，许多排水区在汛期而不能自排，但是在洪水过后却能够自流排出。这就决定了排水泵站一般由两套系统组织，即自流排水和泵站抽排两套排水系统。基于自排建筑物与抽排建筑物的相对关系，可分为分建式和合建式布置形式。在泵站扬程较高，或内外水位变幅较大的情况下，这种形式比较实用。

二、水利水电泵站工程建设规划设计的分析

（一）水利水电泵站工程建设的规划

水利水电泵站工程建设的整体规划非常重要，并且非常复杂，所以，其规划管理也相当烦琐，如工程的施工条件（交通条件、场地条件等）、施工的导流（导流方式、导流的标准等）、主体工程施工的管理、工程施工进度计划（工程筹建、准备、完工等）、资金的管理等。只有做好整体的规划，才能保证水利水电工程顺利进行。

（二）水利水电泵站工程建设的设计

水利水电泵站工程建设首先需要加强勘测设计，其依据的基本资料应完整、准确、可靠，设计论证应充分，计算成果应可靠，要认真记录设计程序，精益求精，应严格按照相关法律、法规及建设单位的要求进行设计并贯彻质量为本的方针。勘测设计质量必须满足水泵站工程质量与安全的需要并符合《工程建设标准强制性条文》及设计规范的要求。

三、水利水电泵站工程建设施工管理的分析

（一）水利水电泵站工程建设机电设备安装的施工管理

1. 安装前管理

在施工前期相关施工单位及具体施工人员应对机电设备的安装方案、建设计方案进行全面了解，并且制定出合理的施工方案，明确施工质量检查程序及施工过程的控制措施，同时确定机泵及电气设备的施工工艺和技术要求，根据工程的实际要求和特点确定施工工序。

2. 严格安装施工过程中的管理

在施工过程中按照泵站设计要求，在泵房车间顶部设置起吊设备，保障泵站的日常检修。主水泵的安装过程中应严格检查主水泵的基础中心线、安装基准线的偏差与水平偏差是否符合施工规范要求，并且在主水泵稳位前及时清理地脚螺栓孔。泵房车间闸阀及进出水管道的安装应注意连接的正确性，不能强行连接，连接施工应按照施工规范进行，连接完成后对管道进行必要的防腐处理，确保闸阀的灵活程度。

（二）水利水电泵站工程建设施工机械设备的管理

1. 加强现场机械设备的维护

（1）机械内部环境的维护

水利水电工程水泵建设项目部应当做好新机械的购买记录和相关进场准备工作，同时制定相关机械的日常维护保养制度，并积极开展机械的安全检查工作。对于作业的机械应当进行例行保养和阶段性维护，同时做好保养和维护中出现的故障记录工作，并记录优秀机械的名称和编号。

（2）机械外部环境的维护

合理选择油品，其是机械外部环境维护的重要环节，燃油和润滑油应当保证质量。机械操作人员每次在进行机械操作前，应当仔细检查机械的安全装置，严禁使用故障机械进行施工作业，避免出现安全事故，同时严格检查机械配件的存储量和质量，尽量避免机械缺乏配件或配件质量差而影响机械的正常运行。

2. 严格机械作业人员的管理

由于水利水电泵站工程建设项目的特殊性，进行水利水电泵站工程建设的现场作业机械设备不仅种类多，而且现场作业机械设备的结构也相对复杂。现场机械操作人员一旦出现操作失误，会对机械的正常使用造成影响，进而影响水利水电泵站工程建设的施工进度，情况严重时还可能导致现场作业人员的人身安全受到威胁。因此，施工企业应当定期对水利水电泵站工程建设施工现场机械作业人员进行专业的机械作业培训，并定

期对其进行机械操作水平的相关考核。

（三）应用信息化管理

1. 建立科学的信息化管理平台

在对水利水电泵站工程建设施工进行信息化管理时，应当综合考虑和平衡各方的利益和需求。水利水电泵站工程项目在建设过程中，涉及多个管理层面，如财务管理、预算管理、合同管理、施工管理以及机械材料管理等。应该建立一个包括泵站建设施工管理实践、知识管理、情报管理、远程监控以及工程协调管理等多个功能模块的现代化水利水电泵站工程建设施工信息管理平台，该平台能够应用于不同的实践主体以及自动管理相关数据，实现对水利水电泵站工程建设施工相关信息资源的综合管理。

2. 水利水电泵站工程建设工程进度和成本的信息化管理

水利水电泵站工程建设施工信息化管理中，应当添加水利水电泵站工程建设施工进度管理和成本管理的相关功能模块，使水利水电泵站工程建设管理者能够实时了解工程建设各个阶段的实际成本以及水利水电泵站工程建设的实时工程进度，以便管理者进行实际成本与预算成本的分析工作。

第五节　水利水电工程设计中的水土保持理念

在当前的施工建设中，水土保持并不是一个陌生的词汇，很多的施工单位已经认识到了环境保护的重要性，其中水土保持在水利水电的施工建设中应用比较广泛。其不仅提高了水利水电施工建设的绿色环保的性能，保护了环境，对实际水利施工建设的经济效益也有重要的促进作用。建立起全面的、系统的、科学的、明确的水土保持理念，使水利水电工程中水土保持设计具有针对性、可操作性十分必要。

一、水土保持理念

（一）水土保持理念的概念

水土保持是集土壤学、水文学和生态学等于一体的一个专业名词，顾名思义是保持水土资源。水土保持的理念即在我国的施工建设过程中，应该将水土的保护和工程建设进行有效的结合，防止因为建设导致当地的水土流失，破坏其原有的生态环境，影响当地民众的生活。

（二）水土保持理念的实施原则

水土保持理念的出发点是好的，但是在实施相关的方法的时候，应该根据一定的原则，而不是盲目性的。要对水土保持的理念提出的目的进行深入的了解，就水土保持的相关知识进行学习，了解水土保持和水土分布，就施工的过程中可能会遇到的问题进行分析，做好相应的准备工作，根据不同地区的水土结构制定好相应的方案。

（三）水土保持理念的实施目的

水土保持理念的提出是我国环境保护的一个重要的进步，我国水土保持工作的顺利开展以人们对保护环境的观念的认可为前提。水土保持理念的提出也保证我国可以顺利制定相关的水土保持政策，促进林业、农业等的发展，并且将我国的环境保护工作从一开始对水土流失的治理转变到预防，节约了国家资源，提高了其资源的利用率。

二、水土保持理念在水利水电工程中的应用

（一）水土流失预测工作的开展

在正式动工之前，施工人员就当地水土的结构和成分进行分析，就其中流失的水土种类进行预测，做好准备工作。

在正式施工建设前，相关的工作人员就当地的地质地貌进行相应的了解和分析，根据当地的自然条件对水土流失进行有效的预测。水利水电施工建设过程中，邀请生态方面、环境方面的专家进行相应指导，这样就可以有效地减少其水土流失。水利水电工程庞大，施工中会出现大面积开挖裸露面，这样会增大水土流失的风险。因此，施工前必须对工程会造成的环境破坏程度有一定的预测，制定出合理的水土流失预防措施，有效地降低水土的流失，降低工程的成本。

（二）水土保持理念在水利水电工程施工中的应用

根据不同地域的施工特点，制定相应的施工计划，加强对其施工方案的研究，制定出既不影响施工作业的进度和质量，又可以保持水土不流失的作业设计。在水土保持的措施中，生物技术和工程技术是常用的方法。施工中应合理安排施工进度与时序，缩小裸露面积，减少裸露时间，充分挖掘施工用土，对短时间内回填使用的土方就近堆放，防止重复开挖和多次倒运。

水土保持理念的实施目的之一是保护生态环境。由于自然因素的不确定性、不可抗性，水土保持的工作应该从外界的因素出发进行有效的防治。工程施工过程中场区平整、基坑开挖等均造成了原生地面的扰动，不可避免地破坏了植被及表层土壤结构，造成了大量疏松地表，在一定条件下可能诱发风蚀、水蚀。因此应规划施工面积，尽可能减少施工用地，对于施工过程中造成的扰动地表应适时恢复，减少水土流失和对环境的破坏。

（三）水土保持理念在水利水电工程设计中的应用

1. 对弃渣场的设计应用

对于工程建设弃渣场的水土防护可以采取以下方案：在弃渣场堆渣坡脚设置拦挡工程或直接采取斜坡防护措施，坡面布设截排水措施，将堆渣合理安防，尽可能地减少占地面积，并将废渣铺平。结合工程规划，弃渣场顶部采取复耕或植物措施，可以有效地保护水土，防止水土流失。

2. 对生态水利水电工程的设计应用

生态水利水电工程是水利水电工程现代发展和现代环境保护理念相结合的一种新型的工程设计，其主要是将建设的实际功能和周围的环境、水流生态进行联系、结合设计。生态水利水电工程建设过程中主要是受两个方面的影响：

不同的施工地区其水流的生态系统是有很大差异的，并且施工的过程面临的问题也不同，即便是以往的经验，可能在面临新的问题的时候也不能起到作用，没有具体的案例可以参考的情况下，对水利水电工程的生态知识运用就不能做到因地制宜。

生态学家是从生态的角度出发进行的生态额度设计，建筑工程师主要是考虑到建筑相关的知识，两者在思想和认识上存在很大的差异，建筑师往往是重视建筑设计忽略了生态的保护。所以，在水利施工过程中，要不断提高建设人员环境保护的意识，实现资源的可持续利用。

（四）水土保持理念在水利水电工程维修中的应用

水土保持理念的实施，还包括在水利水电工程维修方面的应用。正确、科学地实施水土保持理念，应该加强对水利水电工程维修工作的管理。维修方面科学技术水平的提高、维修制度的良好落实是降低水土流失的有效方法。当前阶段水利施工建设维修的方式方法比较落后，种类并不多，维修标准的欠缺和实际养护的缺乏会影响水土保持设计的顺利进行，对此，应该加强水利水电工程维修方案的建立。

第六节　水利水电开发的生态保护设计

一、水利水电生态保护设计中存在的问题

虽然我国生态保护理念在水利水电工程设计中的运用与研究已经达到了一定的水平，然而相比于一些发达国家，其在很多方面仍然存在很大的差距，具体介绍如下：

（一）流域综合规划与规划环评的滞后性

流域综合规划与流域环评应对水利水电工程建设的影响进行统筹、协调与保护，实现对水利水电工程的合理布局，最大限度地控制工程建设的影响因素，减少工程对生态环境的破坏。然而，现阶段我国在流域综合规划方面存在滞后性，流域生态保护规划存在空白，因此就谈不上站在河流整体角度对开发与保护的关系加以明确，难以实现对生态保护目标的统筹考虑。

（二）缺乏先进的生态保护技术

虽然我国现阶段在水利水电工程建设中采取了一系列生态保护措施，如一些电站建设中的分层取水、过鱼设施以及生态泄流等，然而我们却很难评估其有效性。例如分层取水，其研究处于起步阶段，很多方面尚不成熟，并且大多应用于单项工程研究中，针对共性与基础问题的研究基本空白，在诸多方面都存在较大的问题，如位置设置、调度方法、效果等。此外，水利水电工程的冷水下泄也是一个重大问题，其解决方案需要极大的工程量。

（三）生态调度研究有待提高

水利水电工程运行方式的改进，在工程的统一调度管理中引入生态调度，是实现对生态环境有效保护的重要途径。生态调度的目的是根据补偿河流生态系统对水量、水质，以及水温等环境需求，采用科学的调度方法，使下流流量人工化、下泄冷水、过饱和气体等对环境造成不利影响的问题得以缓解，进而实现对河流生态系统的有效保护。一些发达国家已经实现了对水利水电工程的全面管理，基于河流自然径流的修复，经过数十年的生态调度实践，取得了卓越的成果。近几年来，尽管我国水利水电设计单位在工程的规划与设计中开始对生态调度予以高度重视，然而受限于薄弱的基础研究，我国在水利水电工程运行中的生态调度的有效性的实现仍然需要付出巨大的努力。

二、水利水电设计中生态理念的应用策略

（一）加强生态化的水文资料建设

水利水电工程项目是基于水文资料发展的，同时在水利水电工程监测中，水文资料也是工作人员的主要参考依据。因此，水文资料对于水利水电工程建设有着非常重要的意义。随着我国对生态文化建设的重视程度越来越高，在经济建设规划中已经纳入了生态文明，其中水利水电设计是生态文明的重要组成部分。相关部门与机构应对生态文明建设予以高度重视，为设计员工提供学习渠道，强化生态文明意识，对生态理念的重要性有一个正确的认识与深入的理解，促使其在水利水电设计中能够融入生态理念，实现对水利水电工程各个环节的严格控制，并融入生态理念，实现对工程的合理设计，确保生态环境得到有效

保护。应打破传统模式，在水利技术的发展中最大限度地减少对环境的破坏。此外，还应进一步加强这类环保水文资料的建设与发展，以支持后续工程的顺利开展。

（二）强化环境保护意识

现阶段我国水利水电工程设计中，许多设计人员的综合素质并不能适应水利水电设计的需求，具体表现为专业知识水平低下，实际经验匮乏以及环境保护意识薄弱等。其中环境保护意识薄弱对水利水电生态保护设计造成了很不利的影响，使得工程设计与实施难以满足环境保护的要求，进而对环境造成了不同程度的破坏。因此，必须针对这一问题，强化工程设计人员的环境保护意识，确保充分认识到生态理念的重要性，促使在设计中实现对生态理念的融入，在保证工程质量与使用性能的前提下，使生态理念得以最大限度的运用。如此不仅能够提高水利水电的工程效率，同时也使环境得到了最大限度的保护，是实现人与自然和谐相处的重要途径。

（三）强调城市生态环境与综合功能的结合

城市基础建设中就包含水利水电工程这一重要内容，在进行城市水利水电工程设计时，应对综合功能的研究予以高度重视，包括交通、航运、旅游、发电、调水、防洪、生态等。城市河流的作用为维持城市生命系统，使城市热岛效应得以减弱，其具有的枢纽作用对于城市自然生态环境的保护有着十分重要的意义。因此，在进行生态设计时，应实现对河湖自身条件与优势的充分利用，使功能得到完善，并完成合理的开发与利用；在河道设计中，应兼顾储流与泄流，确保设计的合理性。

第七节　水利水电工程设计中关于环境保护的几点思考

一、在水利水电工程设计中强调环境保护的必要性

（一）水利水电工程建设工作效率的客观要求

水利水电工程设计的最终方案是需要有关环境部门的审核的，如果我们在方案设计初期就注意到环境保护在水利水电工程建设中的重要性，最终设计方案通过有关环境保护部门审核的可能性就会大大提高，环境评定工作也能顺利通过。如此一来，设计周期便可以大大缩短，水利水电工程建设的工作效率也会得到一定程度的提升。

（二）积极响应国家可持续发展的要求

环境保护理念在水利水电工程设计中的成功贯彻，对于有效延长设计产品的寿命和

社会效益是非常有利的。在具体的水利水电工程中，工作人员可以通过分层取水、环境基流、水工生态景观等设计，对设计产品的品位和档次进行不同程度的提升，工程建设的社会效益、生态效益和经济效益可以得到提高，设计产品的寿命会得到延长，最终达成可持续发展的目标。

简而言之，集高标准、高品质优势于一身的水利水电工程项目，不仅可以满足人们对水利水电工程实用、艺术的需求，还能满足环境、景观方面的种种需求。

（三）我国相关法律法规的规定要求

在我国《中华人民共和国水法》《中华人民共和国环境保护法》等相关的法律法规中，均有涉及水利水电工程设计中环境保护方面的规定。近些年，关于工程建设的法律法规在不断的完善，为了更好地促进工程建设的全面发展，我们非常有必要在工程设计环节明确环境保护的重要性。

（四）我国业主的主观性要求

现阶段，环境保护已经成为水利水电工程建设中最为核心的内容，在这种情况下，设计单位想要促使自己的水利水电工程设计方案满足业主的要求，必须在设计环节看到环境保护的重要性。我们选择这样做的最终目的是对现有的市场进行维护，同时也能拓展出新的市场，最重要的是设计单位的竞争能力会在这种氛围下得到不同程度的提高，有助于设计单位的快速成长。

二、水利水电工程设计中关于环境保护的几点思考

（一）在相关部门内部进行环保理念的强化

在相关部门内部进行环保理念的强化，有利于水利水电部门设计水平的提高，同时我们还要在相关策划部门进行策划设计的环节深化环保理念，确保环境保护工作在水利水电工程设计、策划、实施环节指挥作用的发挥。

有关的设计部门、监督部门和其他负责人要对环境保护的理念进行深入的强化，尤其是在工程设计环节，对环境保护相关措施的实现一定要严格把关。

水利水电工程策划的专业人员必须有环境保护的意识，因为这些设计的骨干工作者是一群能够起到带头作用的人物。如果他们自身具备环境保护的意识，环境保护的落实工作和其实效性才能得到合理的保障。

设计部门以及工程负责人对于其他相关专业的介入工作一定要高度重视，因为在对各部门的效能进行调整时同样需要融入环境保护的理念和内涵，更为重要的是环境保护工作质量的高低直接影响着水利水电工程设计实效性的程度。

（二）在水利水电工程建设的过程中要加强环境保护理念的贯彻

无论是水利水电工程的设计、策划环节还是其具体的施工过程，相关工作者都要始终贯彻环境保护的理念，务必增强环境保护工作和机电专业、建筑专业、施工专业和规划专业等其他专业之间的协调与沟通，重视水利水电工程设计单位、施工单位、评定单位、技术审核单位之间的沟通与交流。这样可以更好地对设计单位和其他单位之间的环保工作重心进行有效的统一，提高项目设计的效率，并对工程的优化设计进行合理的调整，最终确保环境保护工作实际措施的全方位落实。

（三）从根本上重视环境保护工作，进一步提升设计产品的整体水平

水利水电工程的核心部分在设计环节，因为设计水平的高低会直接对水利水电工程的质量造成影响，更重要的是提升水利水电工程设计水平的重点还是要依靠环境保护的设计。在工程设计过程中，为了更好地维护机构和策划机构间的合作，一定要符合时代和人们对工程项目的要求和规定。

在水利水电工程项目建议书阶段，最好要对一项工程开发是否有巨大的环境制约因素进行明确，接着根据所分析的因素提出相应的环境保护措施。这样一来，我们就可以为工程的立项提供相应的环境依据。

在水利水电工程可行性研究阶段，在该阶段，我们参考的重要依据是和环境保护评定相关的环境保护报表，通过它我们可以掌握该项目对周边环境的影响程度；与此同时，我们要将工程设计机构以及评定结构的契合作为我们的主要任务。除此之外，我们还要对那些没有经过环境评定的项目进行环境评定。

在水利水电工程的初步设计阶段，我们的重点任务是环境保护策略的设计和投资预算。该阶段会对环境保护策略的整体分布情况和对文件的评定及审定意见有一个大致的描述，如果有影响环境评定工作的措施在这个阶段万不可实施，只是会按照相关的审核意见和工程设计调整的要求，来对评定结果进行核实和评定。

在水利水电工程技术施工阶段，这个阶段的工作是建立在初设评定和审核建议的基础之上的，在整个水利水电工程施工建设的过程中，环境保护的设计方案和投资方案是需要设计部门和施工单位共同配合落实的。

第八节　水利水电工程设计及管理对投资控制的影响

一、水利水电工程投资控制概况

水利水电工程投资控制是在工程建设过程中将各阶段投资额度控制在投资限额内，

使有限资金得到充分的利用，使水利水电工程能够最大限度地实现投资效益以及社会效益。投资控制应当贯穿整个水利水电工程建设的全过程。随着我国经济体制改革的不断深化以及建筑业的快速发展，工程投资控制成为十分突出的问题。投资控制的目的是在批准的投资计划内实现工程的建设，但是目前很多项目建设单位仅仅将投资控制理解为对最后的工程结算上，使得水利水电工程投资控制缺乏全方位、全过程的动态控制，达不到良好的投资控制的效果。

水利水电工程投资管理的实践性较强，做好水利水电工程的投资控制，能够适应我国市场经济发展的要求，完善我国水利水电工程的投资管理体系，提高水利水电工程建设的水平以及市场竞争力。水利水电工程一般具有建设规模大、工程周期长、施工难度高等特点，多由政府投资进行工程建设。受我国长期以来实行的计划经济的影响，建设过程中对建设过程和技术的关注度较高，而对工程投资管理与控制工作重视不够，加之水利水电工程建设的复杂性，往往造成工程建设的投资失控，出现了较为普遍的“三超”现象。

二、水利水电工程投资控制存在的问题

（一）前期准备不足

在设计阶段，前期准备工作不足，勘测不准确，设计阶段工程量计算准确性低，一项工程前期工作的准备不充分直接增加了后期施工中的任务作业量，增加了冗余的工作和不必要的资金投入，造成资金能源的浪费。另外，限额计划往往都是在初步设计后才开始规划，前期设项目占比低，所以相当大程度上限制了设计人员的灵活性和创造性。参与人员的素质不高、责任心不强、不能贴切实际、不能熟悉工程技术导致工程计算算不准确，因此，参与人员的选择不当也会对工程的设计产生不利影响。设计阶段的审查工作不按国家规定进行，导致预算超标，结算大大超过预算等现象。

（二）资源配置不合理

在施工阶段的投资控制应从招标开始加强施工质量速度的监管，直至工程竣工，其主要存在资源配置利用不合理、工程造价过高、施工单位制定不合理目标，过时数据材料的应用，造成材料费用的浪费以及企业过于注重效益而忽视了工程质量和国家管理规则。

（三）忽视资金调配

在竣工阶段，根据合同内容在工程竣工后收取价款的相关条例，使施工企业过于重视收款阶段而忽视了整个工程中的投资控制和资金调配，导致前期设计不充分容易出现预算严重不足，影响工程竣工。

三、应对措施

（一）规范前期工作，提高设计质量

水利水电工程需要大量的勘探工作，如果我们前期缺少这样环节盲目下结论，这就会影响后期工程进度。

限额设计方面要做充分准备，应在整个工程设计图纸出来之后再进行限额设计，要敢用新技术以降低成本，以减少国家财政方面的损失。

要制定提高设计质量。水利水电工程设计决定着整个工程的进度和质量，所以必须有高质量的设计计划。在水利水电工程设计时，要不断收集资料对周边自然环境进行全方位勘察，提高设计质量。

（二）严格控制合同设计管理

想要进行改善必须从根源上解决问题，在合同款项上进行约束，加以严格规定。由于设计人员容易忽视自身责任，应付了事，不进行实际勘察检测，不能联系实际，使计划预算不足以支持工程结束。所以，在条款上，应加强对设计质量的要求，如未能达到要求标准则追究其法律责任。只有加强对设计阶段的控制管理才能从根本上解决计划阶段的投资控制问题。

（三）推行限额设计

所谓限额设计是对设计方案中各步骤的限制。注重质量、成本投入、工期长短和造价多方面的综合控制，可以将限额设计作为设计阶段投资控制的重要手段，能有效控制投资超标现象，更好地实现技术与经济的统一管理。各阶段必须在达到要求的基础上进行投资控制设计，无特殊理由不得超过限定款额，在施工各个环节严格遵守限额，尽量避免由于设计问题带来的损失，促进整体项目的施工，有利于设计人员发挥优势，对超标问题及时发现及时修正。能够在保证质量的前提下合理地控制项目建设投资，有助于工程质量的保证，保障各环节的顺利施工。设计单位也应该对各种意见进行取舍加以论证，决定是否采纳。

（四）优化设计方案

在水利水电工程设计上，在不超过限额和经济方案的基础上选择最佳方案，选取质量好、施工速度快，既能保证速度又能保证质量的方案。选择正确的项目系统布局，减少工程量严格把关，从细节上保证水利水电工程投资控制的实施，使投资控制起到重要作用。

（五）完善设计各项制度

在水利水电设计过程中，为确保项目投资的高准确率，完善审查制度和复查制度，有利于费用的合理控制是工程实施前不可忽视的环节。完善索赔制度，有利于提高参与设计技术人员的责任意识，使其多方面考虑后完善设计，使工程项目投资得到最优控制。

第三章　水利水电工程规划与设计

第一节　概述

一、水利水电工程规划的含义

水利水电工程规划的目的是全面考虑、合理安排地面和地下水资源的控制、开发和使用方式，最大限度地做到安全、经济、高效。水利水电工程规划要解决的问题大体有以下几个方面：根据需要和可能确定各种治理和开发目标，按照当地的自然、经济和社会条件选择合理的工程规模，制定安全、经济、运用管理方便的工程布置方案。

工程地质资料是水利水电工程规划的重要内容。水库是治理河流和开发水资源中普遍应用的工程形式。在深山峡谷或丘陵地带，可利用天然地形构成的盆地储存多余的或暂时不用的水，供需要时引用。水库的作用主要是调节径流分配，提高水位，集中水面落差，以便为防洪、发电、灌溉、供水、养殖和改善下游通航创造条件。在规划阶段，须沿河道选择适当的位置或盆地的喉部，修建挡水的拦河大坝以及向下游宣泄河水的水工建筑物。

二、水利水电工程施工规划设计作用

（1）优化施工规划设计方案，可以有效控制工程造价当建设单位工程造价，设计该项目投资项目成本控制与施工有显著影响，尤其是直接关系着规模级项目、建设标准、技术方案、设备选型等决策阶段和决心投资该项目的水平成本，设计是基础，确定项目成本，直接影响决策，以确定和控制施工阶段的各个阶段后，该项目的成本是科学的、合理的问题。

（2）优化施工规划设计方案，可以起到工程项目的限额设计作用。项目成本控制，加强定额管理，提高投资效益，旨在加强配额管理实施的限制，有效控制工程造价的设计阶段的执行情况，合理确定工程造价不仅要在批准的费用限额的范围内投资项目，更

重要的是，合理使用人力，物力和财力资源，实现最大的投资回报。限额设计是控制工程造价的有效手段，能够提高投资效益，应大力推广。

三、水利水电工程规划设计基本原则

1. 确保水利水电工程规划的经济性和安全性

水利水电工程是一项较为复杂与庞大的工程，不仅包括防止洪涝灾害、便于农田灌溉、支持公民的饮用水等要素，也包括保障电力供应、物资运输，因此对于水利水电工程的规划设计应该从总体层面入手。在科学的指引下，水利水电工程规划除了要发挥出其做大的效应，也需要将水利科学及工程科学的安全性要求融入规划当中，从而保障所修建的水利水电工程项目具有足够的安全性保障，在抗击洪涝灾害、干旱、风沙等方面都具有较为可靠的效果。

2. 保护河流水利水电工程空间异质原则

河流作为外在的环境，实际上其存在也必须与内在的生物群体的存在相融合，具有系统性的体现，只有维护好这一系统，水利水电工程项目的建设才能够达到其有效性。在进行水利水电工程规划的时候，有必要对空间异质加以关注。尽管多数水利水电工程建设并非聚焦于生态目标，而是为了促进经济社会的发展，在建设当中同样要注意对生态环境的保护，从而确保所构建的水利水电工程符合可持续发展的道路。这种对于异质空间保护的思考，有必要对河流的特征及地理面貌等状况进行详细的调查，确保所指定的具体水利水电工程规划能够满足当地的需要。

3. 注重自然力量自我调节原则

在具体的水利水电工程建设中，必须将自然的力量结合到具体的工程规划当中，从而在最大限度地维护原有地理、生态面貌的基础上，进行水利水电工程建设。水利水电工程作为一项人为的工程项目，其对于当地的地理面貌进行的改善也必然会通过大自然的力量进行维护，这就要求所建设的水利水电工程必须将自身的一系列特质与自然进化要求相融合，从而在长期的自然演化过程中，将自身也逐步融合成为大自然的一部分。

四、水利水电工程规划的内容和任务

在河流上兴建水库枢纽工程进行径流调节，是改造自然水资源的重要措施。要实现这一措施，必须对河流的水文情况，用水部门的要求，径流调节的方案和效果，以及技术经济论证等问题进行分析和计算，以便提出在各种方案下经济合理的水利水电设备大小、位置及其工作情况的设计，这就是水利水电工程规划的主要内容。而在广大的流域范围内或大的行政区划内，配合国民经济的发展需要，根据综合利用水资源和整体效益最佳的原则，研究各地段水资源情况和特定的防害兴利要求，拟定出开发治理河流的若干方案，包括各项水利水电工程（特别是水库群）的整体布置，它们的规模、尺寸、功能和效益的分析计算，最后从经济、社会和环境三方面效益影响的综合比较和权衡，来选出最佳或满意的开发利用方案，这就是水资源规划的主要内容。水利水电工程规划和水资源规划的上述内容是为水利水电工程的兴建，对其在政治、经济、技术上进行可行性综合论证，或进行几个方案间的优劣比较，所不可缺少的。水资源的开发利用越发展，对径流调节和综合利用的要求越高，则规划这一环节的作用也就越显著。

水利水电工程规划和水资源规划是各项水利水电工程建设在规划时的一个重要环节。水利水电工程规划的结果：一方面是水工建筑物设计的依据，对决定坝高、溢洪道和渠道尺寸、水电站装机容量，以及这些建筑物和设备的运行规则，起着重要的作用；另一方面又为工程的经济效益评价和环境影响分析等的综合论证，提供以定量为主的基本数据（如规模和效益大小、保证程度、工程影响和后果等）。具体地讲，就水利水电工程规划和水资源规划而言，其基本任务一般包括以下四个方面：

（1）根据国民经济当前或一定发展阶段（常以设计水平年表示）对本流域或本河段开发任务的要求，经过各种计算和包括经济、社会、政治、环境等多方面的综合分析、比较，配合其他专业部门，拟定适当的开发方式，确定骨干工程的规模和主要参数。这些参数随开发任务不同而有所不同，常见的有坝高、各种特征水位及库容、溢洪道的形式和尺寸、引水渠道断面大小、水电站装机容量和发电量等。

（2）确定或阐明能由水利措施获得水利效益。例如，供给各用水部门的水量和能量的多少及其质量（保证程度），包括水电站的保证出力和年发电量、灌溉供水量、保证的航深，以及防洪治涝的解决程度或能达到的防治标准等。

（3）编制水利枢纽的控制运用规则和水库调度图表，以保证在选定的建筑物参数的基础上，在实际运行时能获得最大可能的水利经济效益。有时还须提供水库未来多年工作情况的一些统计数字和图表。例如，多年中各年供给用户的水量和各年的弃水量，水库上下游水位的变动过程等。这些通常是根据历史水文资料作为模拟未来的系列而计算得出的。

（4）水库建造所引起的对环境影响和后果的估算、预测。水库的建造，除能达到预期的经济目的外，同时也引起开发河段及附近地区自然情况和生态环境的变化。例如，①引起库区的淹没和库区周边的浸没。②引起库内泥沙淤积、风浪剧增和坝下游的河床冲刷。③由于水电站的调节，引起下游水流波动，影响航运及取水建筑物的正常工作；在回水变动区，可能引起库尾浅滩形态的变化；洪水时库区的汇流情况亦改变。④建造水库使蒸发渗漏增加，使水质状况、水温情势发生变化，并可能影响库区内外的生态平衡和局部气候。这些派生的现象，对环境和社会的影响亦应做适当的考虑和阐述。

水利水电工程规划既然是实现水利措施的有机组成部分，因此在整个规划设计阶段都是必须进行的，只不过在不同阶段，计算的重点和详略程度有所不同。

以最主要的河流开发为例，在最初的流域规划阶段，中心问题在于明确流域开发的方向，拟定初步的全面开发方案，通过对水文情势和用水要求的分析，用水量平衡及调节计算，求出各种可能方案下水量和落差的分配利用方式及其对效益的影响，以便最后在经济比较及综合分析的基础上确定最佳的开发方案和相应的水利效益，并研究选定第一期工程的地址。

在初步设计阶段，水利水电工程规划的任务主要是为了确定某一水利枢纽的位置及其规模（如水库的正常蓄水位、死水位、装机容量等主要参数的分析与选择），进一步论证这一具体的工程目标在投资建设上的可能性与合理性，求出工程的经济效益与设备效用的基本情况，估计工程建成后的不利影响和防治、处理的办法。

在最后的技术设计和施工详图阶段，需要最后复核或核定水利设备的主要参数，进一步分析和编制设备各部分在施工、运用，甚至在远期发展中的工作情况，计算确定工程的经济效益。此外，还常需拟定初期运行调度计划及运行规程。

上述各阶段水利水电工程规划的任务和内容，体现了对开发水利资源的复杂问题，如何由全面的综合分析，到各个具体部分的设计确定。这种逐步收敛的方法，使每一阶段勘测、规划、设计工作，前后紧密联系，并各有明确的目的，是一套从战略到战术，从原则到具体的严密的科学方法。这一生产程序对大中流域的水利开发来说，是必不可少的步骤。

在近十几年来，鉴于大中型水利水电工程投资建设在决策上的重要地位和复杂性，故已经规定于规划之后、初设之前，专设可行性研究阶段。

五、水利水电工程水工设计方案重要因素分析

1. 设计方案对比的重要性

一个方案的确定包括方案的拟定、方案的设计、方案的比较和方案的选择四个步骤。方案的拟定是根据工程开发的任务、规模，结合地形地质条件、建筑物布置、施工条件、环境影响等因素，经过分析，拟定两个或多个参与对比的方案。方案的设计是对各参选方案进行一定深度的设计，分析各方案的建设条件及工程对社会和环境的影响，估算各方案的投资、工期等，为方案的比较提供依据。方案的比较是结合比选因素，对各方案进行全面的比较，得出各方案的优劣。方案的选择是在方案比较后，经综合分析，推荐最优方案。

2. 设计方靠对比原则

方案对比的首要原则是方案的设计和比较应实事求是，对各方案的利弊应进行科学

和客观地分析。拟订方案时，不能凭设计或建设单位的意愿而故意舍弃可能较优的方案。设计方案时，对各方案应一视同仁，不能故意压减或做大某一方案。投资方案比较时，不能由于偏好哪个方案，而重点分析和夸大其有利因素，故意凸显该方案的优点。

方案设计完成后，应结合对比因素对各方案进行全面综合的比较。比较前应列出影响方案比选的各种可能因素。比较时应针对各对比因素按顺序进行详细的分析和对比。进行工程量和投资比较时应计入影响投资比较的所有项目。方案对比应抓住关键因素，对比前应分析哪些因素为关键因素和控制因素，哪些是次要因素，如果各方案各有优劣且难以抉择时，对关键因素应进行重点分析和对比方案比较的结果应明晰，针对各对比点应明确的结论，在报告编制中应将比较结果列表。

3. 方案设计

对水工设计来说，建筑物的形式、布置和工程处理措施等应根据设计条件的变化而有所不同。首先是场址不同时，由于地形地质条件等不一样，建筑物的形式、布置等有所差别。

坝址比选中，各参选方案的坝型、枢纽布置等会由于场址不同而可能不一样，而不仅仅是工程量和投资等的差别。长距离输水渠道中，渠道的形式、断面尺寸等随着渠段所处位置和地形地质条件的变化而变化。

4. 工程投资

工程投资决策阶段要对工程建设的必要性和可行性进行技术、经济评价论证，对不同的开发方案（如海堤走向、工程规模、平面布置等）进行分析比较，选择出最优开发方案。海上工程要充分考虑海上作业风大、浪高、潮急等恶劣的自然条件，以及台风大潮带来的风险等多变因素，科学地编制投资估算。这是工程造价全过程的管理龙头，应适当留有余地，不留缺口。

第二节　水利水电工程规划的各影响因素分析

水利水电工程项目投资大、工程量大、工期长、影响因素多、技术复杂，为保证工程方案决策的正确性，必须对工程项目的影响因素进行分析，亦即在工程方案进行多目标决策之前从政治、社会、经济、技术、生态环境和风险等方面出发，运用系统分析的思想和方法，对工程方案进行较全面和客观的描述和评价。

一、技术影响因素分析

在水利水电工程规划设计阶段，通常考虑的技术因素有装机容量、保证出力、多年平均发电量和年利用小时数等这些能够反映电站技术特征的因素。

装机容量选择是水利水电工程规划设计的重要组成部分，它关系到水电站的规模和效益、投资方的投资回报和水资源的合理开发利用。装机容量选得过大，电力市场短时期无法消纳，投资回收期增长，投资回报率降低；装机容量选得过小，水力资源得不到合理利用，水电站的经济效益不能得到充分发挥。因此，装机容量选择是一个复杂的动能经济设计问题。装机容量的大小取决于河流的自然特性，即河流径流大小及其分配特性与水库的调节性能、水电站有效利用水头、生态环境影响、征地移民、电站的供电范围、电力系统负荷发展规模及其各项负荷特性指标、地区能源资源、电源组成及其水电比重等因素。对于流域水电站装机容量选择，还要充分考虑其上、下游梯级的运行原则、已建和在建水库梯级对设计电站的水力补偿作用、区域电网联网等因素，水能的综合利用、跨区域送电对装机容量的影响等因素的影响。

正常蓄水位是水利水电工程的一个主要特征值，它主要从发电的投资和效益方面进行计算，并结合防洪、灌溉、航运等效益进行综合分析。正常蓄水位的大小直接影响到工程的规模，而且影响建筑物尺寸和其他特征值的大小。正常蓄水位定得高，水库库容就大，水能利用程度高，虽然水库的调节性能和各方面效益都会比较好，但是相应的工程的投资和淹没损失较大，需要安置移民多。正常蓄水位定得很低时，则可能所需的防洪库容不够，水能利用程度低，其他防洪、发电、航运等效益都会相应降低。可见选择正常蓄水位的问题是一个多影响因素的问题，需要慎重地比选研究。

装机利用小时数是水电站多年平均发电量与装机容量的比值。它既表示了水电站机组的利用程度，又表示了水能利用的程度，是水电站的一项动能指标。一座水电站的装机利用小时数过高或过低都是不合理的。装机利用小时数过高表明虽然水电站机组利用程度比较高，但水能利用的程度过低。装机利用小时数过低，表明虽然水电站水能利用比较充分，但机组利用程度过低。

另外，水利水电工程对地质条件的要求很高，工程的规模及后续的施工难度大都与其有直接关系，一般认为水库的坝高和库容与地质构造和岩性、渗漏条件、应力状态及区域地质活动背景等因素有关，因此在决策时应对库区地质情况进行严谨的分析。

信息技术是20世纪70年代以来，随着微电子技术、计算机技术和通信技术而发展起来的高技术群，通常是在计算机与通信技术支撑下用以采集、存储、处理、传递、显示那些包括声音、图像、文字和数据在内的各种信息的一系列现代化技术。随着水利事业的进一步发展，水利发展越来越离不开这些信息技术。水利事业的方方面面，如防洪与减灾、水资源调度，以及水利规划、水利决策、水利设计以及水利管理等阶段都必须以现代信息技术为基础。只有建立在现代信息技术基础上水利发展模式才是最有效、最可靠的。这既是水利事业自身发展的迫切需要，也是实现水利现代化的重要支撑，更是国民经济现代化建设的重要组成部分。

水利规划是在一定范围内，根据自然地理和水情现状，按照超前性的要求，为合理配置和利用水资源、防治水害而进行的综合性规划。水利规划是水利综合治理、开发的先导工作。水利规划是否科学决定着水利建设的前瞻性和全局性。传统的水利规划是人工的经验式的规划方式，这种方式已不能适应水利发展的需要，必须借助信息技术，实现水利规划的科学性、合理性。从水利规划的特点出发，分析信息技术是水利规划的必然要求，着重研究信息技术对水利规划产生的影响及其评价指标。

（一）信息技术是水利规划科学性的必然要求

水利规划是水利工作的基础，对水利工作起着引领和决定性作用，随着水利事业的推进，传统的水利规划的方式、规划手段以及规划管理都无法适应水利发展的需要。水利规划除取决于规划管理体制及规划设计和管理人员的素质外，还取决于电子媒体、计算机、网络等信息技术的应用。可见，水利规划的特点必然要求采用信息技术。

1. 水利规划的龙头性

水利规划是根据国家规定的建设方针和水利规划基本目标，并考虑各方面对水利的要求，研究水利现状、特点，探索自然规律和经济规律，提治理开发方向、任务、主要措施和分期实施步骤，安排水利建设全面、长远计划，并指导水利水电工程设计和管理。它是水利工作的基础，是水利发展的龙头，它对水利发展起着引领作用。因此在水利发展过程中，实现科学治水，使水利有效地为社会经济服务，首先必须对水利发展的方向、发展规模等进行统筹规划、科学规划。

传统的水利规划取得了重大的突破和改进，成绩斐然，但仍存在很大的不足。比如，规划的手段落后、大多采用人工的方式进行，运作周期长，运用规划理论模型和计算机管理的程度较低等。这必然要求采用信息技术来提高规划效率，缩短规划周期。

2. 水利规划信息的海量性

通常，水利规划过程分为问题识别、方案拟定、影响评价、方案论证等四个阶段，每一个阶段均是以大量的数据信息为基础的，主要涉及地理要素和资源、环境、生态、社会经济等多种类型的数据。这些数据在时相上是多相的、结构上是多层次的、性质上是多属性的（包括“空间定位”数据与“属性”数据）。既有以图形为主的矢量数据，又有以遥感图像为源的栅格数据，还有关系型统计数据；有静态的数据资料，如历史水文、气象、地质资料，又有动态的数据资料，如音像资料。这些类型各异的数据，手工方法是无法对其进行有效管理的。另外，水利规划均是与一定的尺度相关联的，包括空间尺度和时间尺度。在不同的尺度下，数据量要求、精度要求都不太一致。为了能有效地管理和分析这些大量的数据信息，必然要借助于现代信息技术。

3. 水利规划的动态性

水利是一个动态的发展过程，所以水利规划面对的水利问题也是不断变化的，另一方面由于参与决策的各个方面对水利问题的态度也在不断改变，所以要求规划人员不仅能提供一张未来的规划蓝图，更重要的是提供动态的过程控制与实施机制，以使制定出的水利规划具有较强的应变能力。为了使水利规划能很好地适应数据类型的差异变化、尺度的差异变化以及水利发展动态变化，现代信息技术可以有效地处理这些矛盾。现代信息技术可应用到水利规划的各个方面。

利用空间信息技术，建设具有数据采集、图库管理、输入输出、查询统计、编辑修改、空间分析、专题图制作等功能的水利规划管理信息系统。这一系统可以实现数据资料的有效存储、管理，还可以进行大量的数据分析和处理，并根据分析处理结果，从实际出发，针对规划范围内存在的问题和具体条件，统筹兼顾，统一安排进行总体规划。另外，可以借助于遥感、三维模拟、多媒体技术以及虚拟现实技术，实现水利现状、规划成果及规划目标等进行可视化的模拟、演示和管理。同时根据发展变化的需要，适时调整规划的目标，规划的内容以及规划设计。

（二）信息技术对水利规划的影响

水利规划工作主要包括水利规划立项、水利规划设计及评价、水利规划管理以及水利规划方案实施。信息技术对每一项工作均有深远的影响。特别是对水利规划的设计、评价和管理影响较大。利用信息技术不仅可以提高水利规划的效率、规划的水平，增强水利规划的可靠性和科学性，还可以解决突出的水问题，使水与人和谐相处，使水利与社会经济、资源、环境、生态相协调，转变治水理念和发展模式，促进水利事业的发展，从而实现科学治水，保护生态环境，保证水利发展与社会经济发展的协调性、可持续性。

1. 对水利规划设计的影响

一般，水利规划包括综合规划和专项规划两大类。不论是综合规划还是专业规划，规划设计主要包括规划大纲编制，基础资料调查及分析计算，拟订方案及方案论证，选择总体方案，生态、经济和社会评价以及工程投资计算等流程。其整个过程是以大量的社会协调工作为基础，运用自然科学和社会科学等多学科知识的系统性工作。信息技术贯穿于每一个过程将会使设计成果更科学，规划方案更合理，从而实现水利的可持续发展。

（1）对基础调查及分析计算的影响

水利规划，尤其是大江大河规划，涉及各方面各时期的基本资料，其数量之多，远远超过重大工程设计。基本资料中最影响规划决定的，在自然资源方面主要有水文、地形及高程、地质、灾害天气；在社会资料方面，主要有人口与土地颁布、社会经济发展状况、国家与地区建设计划。这些数据信息的可信度、准确性、时效性等直接决定着规划的科学性、合理性。为了提高数据信息可信度、准确性以及时效性，通常在数据调查过程中借助 KS，GPS 来实现现场数据资料的勘测、采集，并利用现代通信技术和计算机网络技术将采集的信息传输至中央控制设备。对于收到的大量资料，首先都要分类进行统计，归纳校核、汇总整编成册。通常是利用数据库技术对这些数据资料进行分类统计、归纳校核，从而可以方便设计、人员查询、调用和分析。对方案设计、优选的影响水利规划工作的核心是选择最佳或较佳方案，并为各地方和部门能接受。首先由规划工程师进行初步的水文分析，并进行调整，形成一组比较方案。然后征求有关地方或部门的意见，进行修改并获得各方面的赞同后，接着就可以开始全面的水文、水力计算和水厂，计算等技术计算和工程布置工作。方案设计完成后很重要的一环，就是要进行方案论证，选择最优的规划方案。

一般设计者通常利用图像处理技术，直接处理和利用遥感图、航片等，根据水文、气象、地质、环境、生态以及社会经济等具体条件，借助于计算机辅助设计技术，对土地、河道、道桥、水利设施、产业园区以及人文景点等进行方案设计。在设计过程中，利用虚拟现实技术，建立规划设计成果的二维动态模型，使设计成果更加形象和直观表现。同时，利用决策支持技术，并在巨大规模的数据资料基础上，结合多种优化模型，形成最优规划方案。这一过程不仅提高了设计过程的效率，而且提高了设计成果的直观性、科学性，使设计方案是建立在统筹考虑、全面规划基础上的最优方案。

（2）对规划后评价的影响

规划后评价包括生态、经济和社会评价，分析防洪效益、供水效益、灌溉效益、发电效益、航运效益、除涝效益、排渍效益、环境效益、生态效益、旅游效益、水产效益等。这些分析评价都是基于大量的数据信息和一些评价模型进行的。利用基于 GIS 技术的信息评价系统，可以全面高效地对规划的生态、经济和社会效益进行综合评价。而且可以将各类评价信息以各类专题地图的形式直观地表现出来。这不仅提高了评价的效率、准确性，还增强了评价的直观性。

2. 对水利规划管理的影响

（1）信息技术提高了管理效率

管理的进步主要体现为管理思想和相应管理模式与方法的进步。随着信息技术的发展和完善，管理信息系统和网络技术不仅成为辅助管理的有效手段，而且对传统的水利规划管理思想与管理技术提出挑战，从而不断地促使水利规划管理者对传统管理思想、管理技术、管理手段进行发展和创新。利用网络可以建立水利规划管理部门、水利规划设计部门、水利规划审批部门之间的有效信息通信渠道。审批的结果可以电子数据的形式迅速地反馈给设计部门，而设计部门可尽快地将设计结果以电子数据的形式提交给管理部门，实现水利规划的管理、设计、审批的一体化，有效地提高水利规划管理的效率。

（2）信息技术促进水利规划管理向现代管理模式转变

利用信息技术，改变传统的手工管理模式，实现规划的电子化管理。通过借助信息系统改进管理的流程结构，理顺组织层级，优化内部信息沟通方式，提高沟通效率，增强每个员工的工作协调、合作、处理能力。

（3）信息技术促进水利规划管理的正规化、标准化

管理规范化、正规化是管理通向更高层次的台阶。通过信息系统的建立，将综合规划、专项、中长期规划按国家信息化标准和规范分门别类地存入计算机。同时还可以将管理规则、标准、规章和制度都在信息系统中以流程的形式体现出来，在很大程度上避免了形式主义。

（4）信息技术提高了水利规划的公众参与率

公众可以通过因特网动态了解规划设计方案和参与规划评论，而且规划方案与成果的表现形式由于采用虚拟现实技术和多媒体技术更为直观和形象，公众能更好地理解规划师的意图，公众通过因特网发表个人的意见，与规划师、管理人员和其他有关人员进行直接对话，使公众参与更加有效，促进设计成果中公众意志的充分体现，保证设计成果的实用性，满足广大人民的需要。

（三）信息技术的影响评价

1. 信息技术对水利规划的影响价值

信息技术的影响价值是一个非常隐蔽但又能感觉到的产物。从获得价值的途径来看，信息技术的影响价值可分为直接价值和间接价值。直接价值就是通过利用信息技术实现水利规划过程中信息的共享率、信息的传输效率、管理效率、规划方案的认可率的提高以及设计周期的缩短。间接价值是指利用信息技术使水利规划领域以外的社会群体获得价值，通常是规划实施后所带来的防洪效益、供水效益、灌溉效益、发电效益、航运效益、除涝效益、排渍效益、环境效益、生态效益、旅游效益、水产效益等。

从长远的角度来看，信息技术的使用还会影响水利规划的长期性和战略性，这就是信息技术对水利规划的潜在影响价值。水利规划都具有一定的超前意识，由于不同的设计人员、不同的管理者的素质、理念、意识都不一样，这可能会造成有些规划与规划目标不相称。有些规划虽然是按照十年规划来做的，可是一两年或四五年后就不能满足要求了，这样的规划的长远性和战略性就很差。使用信息技术往往可以克服很多的人为因素的影响，使设计方案具有战略性和前瞻性。因此信息技术时水利规划的影响程度可以通过信息技术的影响价值来衡量。所以信息技术对水利规划的影响程度可以概化为以下模型：

影响程度 = 直接价值 + 间接价值 + 潜在价值

2. 信息技术对水利规划综合效果评价指标体系的构成

由于信息技术对水利规划的影响因素变量多，机制复杂，很难用几个指标来对其进

行综合效果评价。为此，根据全面性、可测性、客观性、层次性以及定量分析与定性分析相结合的原则，利用多指标来评价信息技术对水利规划的综合效果。这些指标主要分为数据信息类、设计技术类、管理类等三类，数据信息类指标包括：信息数字化率、信息共享率、信息完整性、信息可信度等；设计技术类指标包括：设计周期缩短、方案认可率、设计成果直观性等；管理类指标包括：管理效率、节省人力、公众参与率、成本降低等，

二、经济效益影响分析

方案的经济效益比较是建设项目方案决策的重要手段，目前水利水电工程项目的经济评价常采用的是费用——效益分析方法。因此影响水利水电工程方案决策的经济因素主要可从投资及效益两部分进行分析。

1. 投资应考虑因素

水利水电工程进行经济评价时的经济指标包括工程总投资（或工程各部门投资）和年运行费。水电站的投资大致分为两部分：一部分与装机容量无直接关系，如坝、溢洪道建筑物及水库淹没措施投资；另一部分与装机容量有直接关系，如机组、输水道、输变电设备及厂房投资。投资指标包含的评价指标，一般选取总投资、年运行费、单位千瓦投资、单位电能投资、投资回收年限或内部收益率。在投资回收年限和内部收益率选取时采用“或”运算，即选取其中任一指标就可以参与投资指标的评价。另外水电投资项目财务盈利能力主要是通过财务内部收益率、财务净现值、投资回收期等评价指标来反映的，应根据项目的特点及实际需要，将这些指标归入决策考虑范围之内。

2. 效益应考虑的因素

水电投资项目的效益包括直接效益和间接效益。直接效益是指有项目产出物产生并在项目范围内计算的经济效益。水利水电工程投资项目的直接效益一般指项目的发电效益，对于发电工程，年平均发电量与年平均发电效益这两个指标，年发电效益等于年发电量乘以电价，它们之间的差异为一常系数电价，这两个指标具有包容性。因而在指标体系中只需选择其中之一。间接效益是指项目为社会做出的贡献，而项目本身并不直接受益。一般指除发电效益外，为当地的防洪、灌溉、航运、旅游、水产养殖等带来的效益。此外项目的厂外运输系统为附近工农业生产和人民生活带来的效益，项目对促进所处相对落后地区的社会、经济、文化、观念的发展带来的综合效益等，这些效益有些是有形的，有些是无形的，有些可以用货币计量，有些是难以或不能用货币计量的，在方案的评价中应对这些不能用数量计量的因素进行量化评价。

三、社会影响因素分析

水利水电工程建设项目是国民经济的基础设施和基础产业，涉及范围广，很容易产生复杂的社会问题。水利水电工程具有很强的政策性，它有水土资源优化与分配、区域经济和社会协调与平衡作用，因此在进行工程方案评价时，必须认真贯彻有关国家和地方以及流域机构的各项法规政策，考虑工程对整个社会发展的各项影响因素。只有这样，水利水电工程的成果才能更好地服务于社会，才能确保促进实现社会的可持续发展。

水利水电工程建设项目的社会影响，主要是分析工程方案的实施对社会经济、社会环境、资源利用等国家和地方各项社会发展目标所产生的影响的利与弊，以及项目与社会的相互适应性、项目的受支持程度、项目的可持续性等方面。它是依据社会学的理论和方法，坚持以人为本、公众参与、公平公正的原则，研究水利水电建设项目的社会可行性，并为方案的选择与决策提供科学的依据。综合水利水电工程对社会的影响可归纳为以下几个方面：

（1）水利水电工程社会影响因素内容广泛，首要考虑的就是由于兴修水库产生的淹没和移民问题。居民的房屋土地等主要的生产、生活资料等生存条件被淹没，并且必须动员人口迁移。如果安置不妥，既影响工程进度，也会给社会带来一些不安定的因素。迁移和安置的难度跟淹没的房屋耕地、迁移人口和淹没投资指标等紧紧相连，因此，此类评价指标必须作为评价工程方案的主要社会因素考虑。

（2）水利水电工程兴建的出发点是为满足社会用电需求，兼顾防洪、灌溉、航运、养殖、供水、旅游等，除此之外，水利水电工程兴建的同时，还可以带动当地社会经济的发展。内容包括对国家和工程所在地区农业发展的影响、对能源与电力工业的影响，以及对林、牧、副、渔业发展的影响和对旅游事业发展的影响等，对提高当地人口素质、增加劳动力就业机会，对保证社会安全稳定的以及对国家和地区精神文明、科技、文教卫生工作的影响及对加快贫困人口脱贫等也会产生影响。例如，水电工程的兴建所需要的建筑材料、建筑机械、电站设备的运输和大量施工人员的进入以及水库淹没移民搬迁，这些都需要修建公路或者码头等交通设施以及有关公共设施，为施工生产、生活物资的供应提供便利，也促进了当地商品经济和第三产业的发展。

（3）水利水电工程对促进文化、教育、卫生事业发展也会产生积极的影响，由于项目的建设与投入运行，将给项目区的文教、卫生、社会福利等多方面带来积极的影响，可以提高项目区的生活文化娱乐、医疗卫生事业的基础设施的建设水平，使项目区内各项福利设施与条件有所改善。例如，在移民安置过程中，移民的生产生活条件得到了较大改善，移民从广播、电视、网络等各种信息渠道了解国家党的政策，增加科学知识，文化生活得到丰富，促进了移民的精神文明建设。

（4）建设项目的政府支持率及公众参与方面也对项目方案的决策起很大作用。项目的参与包括：对项目方案决策的参与以及在项目实施过程中的参与等。因为修建水利水电工程，当地大部分群众的态度意见，特别是当地有关政府主管部门的态度很重要。这里的当地人是指项目影响范围内的所有人群。因此为了反映当地人民对枢纽工程方案实施的态度，在方案的决策中考虑这一指标。

（5）水利水电项目和社会的相互适应性是指项目与项目影响区域协调性、适应性，就是通过分析项目与项目影响区域的经济、社会、环境等国家和地方发展目标的协调度来反映项目与社会的相互适应性，以确保水利水电项目能促进社会的进步与可持续发展。通常一个项目的建设和实施不仅影响工程所在地区，它所影响到的区域范围往往更大，因为水库的建设不仅要改变其所在地自然、社会、经济等环境，还会改变工程上下游流域的自然、社会等环境的变动，所以研究项目与区域社会经济和环境的协调是非常必要的。

综上所述，在评价方案的社会影响因素时，应主要考虑移民人数、淹没耕地，工程各综合利用部门间的矛盾程度，与工程有关的各地区间的社会经济矛盾程度、地方人们态度、地方政府态度、对地方经济的带动、对地方文化的带动等因素。其代表性较好，而且指标体系比较简洁。

四、对生态环境影响分析

近一个世纪以来，由于水利水电工程建设的加快，所引起的生态环境问题也越来越受到人们的重视。为了更好地利用水资源，人们在水利水电开发过程中对生态平衡与环境保护问题的关注日益加强。水利水电工程对生态环境的影响是巨大而深远的。不同的水利水电工程项目由于所处的地理位置不同，或处于同一水利水电工程的不同区域，其环境影响的特点各异。水利水电工程属非污染生态项目，其影响的对象主要为区域生态环境。影响区域主要有库区、水库上下游区。库区的环境影响主要是源于移民安置、水库水文情势的变化；坝上下游区的环境影响主要源于大坝蓄水引起的河流水文情势变化。水利水电工程的环境影响大多从规划、建设和运行三阶段来分析，生态环境的影响主要有：

（1）水利水电工程修建后，水库蓄水产生的淹没损失及移民的安置等问题。由于生活条件的改变，如果工作做不到位，很容易产生安置不当引起的社会的不安定。另外由于大部分淹没区为耕地，在我国人多、耕地少的条件下，应尽量减少耕地的淹没损失。

（2）水利水电工程修建后，由于筑坝挡水，会改变工程所在区域的水文状况，下游河道水位降低或河道下切，河流情势的变化对坝下与河口水体生态环境也会产生潜在影响。

（3）水库蓄水后，由于岸坡浸水，岩体的抗剪强度降低，在水库水位降落时，有可能因丧失稳定而坍滑，严重时有可能诱发地震。

（4）水库蓄水后，会引起库周地下水位抬高，导致土地盐碱化等。

（5）水库蓄水后，水体的表面面积增大，蒸发量也变大，水资源的损失是非常严重的。

（6）水库筑坝蓄水后，对水生物特别是鱼类有重大影响。

（7）水库蓄水后，形成湖泊，水体稀释扩散能力降低，淹没的植物和土壤中的有机物质、进入水中的营养物质会逐渐增多，因此库尾与一些库湾易发生富营养化。

（8）一些水库蓄水后，水温结构发生变化，可能出现分层，对下游农作物产生危害。

（9）筑坝截水后，会改变泥沙运行规律，导致局部河段淤积或河口泥沙减少而加剧侵蚀。例如，水库回水末端易产生泥沙淤积、流入水库的支流河口也可能形成拦门沙而影响泄流、下游河道有可能造成冲刷等。

（10）水库蓄水后，水面增加，蒸发量增加，下垫面改变，对库周的局部小气候可能产生影响。

（11）对库区人群健康会产生影响。往往移民动迁也会导致一些流行疾病，如一些介水传染病肠炎、痢疾和肝炎等较为常见。

五、风险因素分析

由于水利水电工程项目是一次性投资且水利水电投资项目的投资动辄百万、千万、上亿元人民币，像三峡、小浪底等大型水利水电工程投资往往上百亿、上千亿，建设规模大，周期长，技术风险和经济风险大，涉及的面宽，从项目决策、施工到投入使用，少则几年，多则十几年，在这段时间内充满了各种各样的不确定性。工程受自然条件影响很大，主要是受气候、地形、地质等自然条件影响大，而在这些自然条件中，存在着许多不确定因素，这些不确定因素会给水利水电工程建设带来巨大的风险。并且在项目的实施过程中，项目所在地的政治、建设环境和条件的变化、不可抗力等因素都可能会给项目建设造成一定的风险。

因此近年来我国政府完善了工程项目投融资体制，明确了投资主体，明晰了投资活动的利益关系，初步建立了投资风险约束机制。在国外，风险管理是工程项目管理中重要的一部分。随着我国水利水电项目的工程建设模式与国际接轨，水利水电工程建设体制也有了进一步深化，风险管理也就越来越受到水利水电工程界的重视。所以建立水利水电投资项目风险评价指标体系，在工程规划方案中考虑风险指标规避风险、减少损失是规划设计阶段不可缺少的部分。

水利水电工程的风险来自与项目有关的各个方面，在工程建设项目立项准备、实施、运行管理的每一个阶段及其各阶段的横向因子，都存着各种风险。凡是有可能对项目的实际收益产生影响的因素都是项目的风险因素。水利水电项目风险因素分析通常是人们对项目进行系统认识的基础上，多角度、多方面的对工程项目系统风险进行分析。风险因素分析可以采用由总体到细节，由宏观到微观的方法层层分解。从这个角度出发进行的风险因素的分析如下：

1. 政治风险

政治风险是一种完全主观的不确定事件，包括宏观和微观两个方面。宏观政治风险是指在一个国家内对所有经营都存在的风险。一旦发生这类风险，方方面面都可能受到影响，如全局性政治事件。而微观风险则仅是局部受影响，一部分人受益而另一部分人受害，或仅有一部分行业受害而其他行业不受影响的风险。政治风险通常的表现为政局的不稳定性，战争状态、动乱、政变的可能性，国家的对外关系，政府信用和政府廉洁程度，政策及政策的稳定性，经济的开放程度或排外性，国有化的可能性、国内的民族矛盾、保护主义倾向等。

2. 经济风险

经济风险是指承包市场所处的经济形势和项目发包国的经济实力，及解决经济问题的能力等方面潜在的不确定因素构成的经济领域的可能后果。经济风险主要构成因素为：国家经济政策的变化、产业结构的调整、银根紧缩、项目产品的市场变化、项目的工程承包市场、材料供应市场、劳动力市场的变动、工资的提高、物价上涨、通货影胀速度加快、原材料进口风险、金融风险、外汇汇率的变化等。

3. 法律风险

如法律不健全，有法不依、执法不严，相关法律的内容的变化，法律对项目的干预，可能对相关法律未能全面、正确理解，项目中可能有触犯法律的行为等。

4. 自然风险

如地震、风暴、特殊的未预测到的地质条件，反常的恶劣的雨、雪天气、冰冻天气，恶劣的现场条件，周边存在对项目的干扰源，水电投资项目的建设可能造成对自然环境的破坏，不良的运输条件可能造成供应的中断。

5. 社会风险

社会风险包括宗教信仰的影响和冲击、社会治安的稳定性、社会的禁忌、劳动者的文化素质、社会风气等。

目前风险分析的方法很多，如 Monte Carlo 模拟法、敏感性分析法、故障树分析法、调查和专家打分法、模糊分析方法等。

第三节　水利水电泵站工程建设的规划设计

一、水利水电泵站工程建设的合理布置

水利水电泵站工程建设首先要把主要建筑物布置在适当位置，然后根据辅助建筑物的作用进行合理布置。

1. 灌溉泵站总布置

如果水源与灌区控制高程相距远，同时两者之间的地形平缓，一般考虑采用有引渠的布置形式。这种形式一方面能够让泵房尽可能地靠近出水池，从而缩短出水管道的长度；另一方面能够让泵房远离水源，进而尽可能地降低水源水位变化对泵房的影响。在引渠前，通常要设置进水闸，以便于控制水位和流量，保证泵房的安全；并在非用水季节关闭，避免泥沙入渠。

2. 排水泵站总布置

在实际的工程建设中，可以发现由于外河水位高，许多排水区在汛期而不能自排，但是在洪水过后却能够自流排出。这就决定了，排水泵站一般有两套系统组织，即自流排水和泵站抽排两套排水系统。基于自排建筑物与抽排建筑物的相对关系，可分为分建式和合建式布置形式。在泵站扬程较高，或内外水位变幅较大的情况下，这种形式比较实用。

二、水利水电泵站工程建设规划设计的分析

水利水电泵站工程建设的规划设计：（1）水利水电泵站工程建设的规划。水利水电泵站工程建设的整体规划非常重要，并且非常复杂，所以其规划管理也相当烦琐，施工条件（交通条件、场地条件等）、施工的导流（导流方式、导流的标准等）、施工的管理、工程施工进度计划（工程筹建、准备、完工等）、资金的管理，等等。整体的规划，才能保证水利水电工程顺利进行。（2）水利水电泵站工程建设的设计。

泵站工程建设首先需要加强勘测设计过，其依据的基本资料应完整、准确、可靠，设计论证应充分，计算成果应可靠。要认真记录设计程序，精益求精。应严格按照相关法律、法规及建设单位的要求进行设计并贯彻以质量为本的方针。勘测设计质量必须满足水泵站工程质量与安全的需要并符合《工程建设标准强制性条文》及设计规范的要求。

目前，水利水电工程设计过程中普遍存在工作效率低、经济观念不强、缺乏业主服务意识以及设计人员综合能力不强等问题，致使水利水电工程设计质量难以提高，同时、

水利水电工程设计并非无规范，随自己的思想进行设计，在设计水利水电工程过程中，需坚持一定的设计原则，确保水利水电工程设计的合理性和科学性。

三、水利水电工程设计重要性

1. 加快工程施工进度

在水利水电工程设计方案的编制环行，就应当充分把握水利水电工程的总体原则、施工周期等要求，并且应当充分适应施工现场的地理条件和施工环境等因素，一旦事先把握不准或者在水利水电工程设计的时候出现疏忽，就可能造成延缓施工进度的问题，甚至对施工质量造成不利的影响。因此科学编制水利水电工程设计方案，加强水利水电工程设计质量管理，对于加快水利水电工程施工进度，保证工程质量具有重要作用。

2. 降低施工成本费用

水利水电工程设计时，关键在于科学合理地控制施工资金的投入，诸如水利水电工程总体设置、堤坝类型、方案优化、细部构造等内容上的设计，对于工程施工成本费用有着直接的影响，并且对于水利水电工程项目在后期的养护费用投入上有一定程度影响，一旦考虑不周或者出现严重的失误就会造成工程造价的增加，影响水利水电工程的经济效益，因此提高水利水电工程设计效果对于有效地降低施工成本费用也具有重要作用。

3. 水利水电工程设计总体原则

（1）遵循工程设计的总体原则

在新的形势下，随着经济社会和水利事业的快速发展，对水利水电工程设计的总体要求也越来越高。

①安全稳定原则。水利水电工程设计应当符合水利水电工程项目施工的规范标准和建设规模，确保水利水电工程的安全稳定应用，并且要防范山洪、山体滑坡以及泥石流等突发事故的侵袭。

②突出重点原则。水利水电工程设计应当针对工程项目进行，坚持突出施工重点，并且充分适应水利水电工程施工的特殊技术需要，同时在施工现场设计的时候，要优先选用可靠度好、环境破坏少和污染源小的区域进行施工。

③科学设计原则。水利水电工程设计方案应当事先科学评估，并且在可行性上经过实践检验，同时对于附属设施的配置和结构类型上要注重科学合理原则。

④注重专业原则。同先期的水利水电工程设计相比，在设计后期的纵深方面要求更高，不仅需要技术人员具备一定的业务素养，而且在工程造价的设计上要体现专业性和准确性。另外在施工现场设计的时候，要注意把握关键的技术环节，避免施工中出现安全隐患或者影响水利水电工程质量的情况。

⑤生态环保原则。虽然水利水电工程项目在设计的时候要关注其投入使用上的实用要求，但是在设计初期也应当注意不破坏施工现场及其周边的生态环境，并且在施工建设之后体现出整体的美观效果，成为一道风景线。

4. 遵循工程设计的节约原则

地下水是有限的资源，所以在水利水电工程设计过程中，应当加强对水资源的科学有效利用，不仅保证生产生活用水和泄洪、供电等实际需要，而且防止水资源的过度消耗，避免出现不必要的损失浪费，满足循环经济的总体要求。

5. 遵循工程设计的人本原则

新形势下进行水利水电工程设计，一定要符合以人为本的理念，避免给周边的居民群众带来安全隐患，并且在水利水电工程建设完成后为群众提供高效服务，另外在进行水利水电工程设计的时候，不仅仅需要符合泄洪、供电、给水、观光、航运等特点，满足规范标准的统一要求，而且要保持生态环境的永续利用，满足水利水电工程的安全稳定应用，实现人与自然和生态环境的和谐一致。

四、水利水电泵站工程建设施工管理的分析

1. 水利水电泵站工程建设机电设备安装的施工管理

（1）安装前管理。在施工前期相关施工单位及具体施工人员应对机电设备的安装方案、土建设计方案进行全面了解，并且制定出合理的施工方案，明确施工质量检查程序及施工过程的控制措施，同时确定机泵及电气设备的施工工艺和技术要求，根据工程的实际要求和特点确定施工工序。（2）严格安装施工过程中的管理。在施工过程中按照泵站设计要求，在泵房车间顶部设置起吊设备，保障泵站的日常检修。主水泵的安装过程中应严格检查主水泵的基础中心线、安装基准线的偏差与水平偏差是否符合施工规范要求，并且在主水泵稳位前及时清理地脚螺栓孔。泵房车间闸阀及进出水管道的安装应注意连接的正确性，不能强行连接，连接施工应按照施工规范进行，连接完成后对管道进行必要的防腐处理，确保闸阀的灵活程度。

2. 水利水电泵站工程建设施工机械设备的管理

主要表现为：（1）加强现场机械设备的维护。第一，机械内部环境的维护。水利水电工程水泵建设项目部应当做好新机械的购买记录和相关进场准备工作，同时制定相关机械的日常维护保养制度，并积极开展机械的安全检查工作。对于作业的机械应当进行例行保养和阶段性维护，同时做好保养和维护中出现的故障记录工作，并记录优秀机械的名称和编号。第二，机械外部环境的维护。合理选择油品，其是机械外部环境维护的重要环节，燃油和润滑油应当保证质量。机械操作人员每次在进行机械操作前，应当仔细检查机械的安全装置，严禁使用故障机械进行施工作业，避免出现安全事故，同时

严格检查机械配件的存储量和质量，尽量避免机械缺乏配件或配件质量差而影响机械的正常运行。（2）严格机械作业人员的管理。由于水利水电泵站工程建设项目的特殊性，进行水利水电泵站工程建设的现场作业机械设备不仅种类多，而且现场作业机械设备的结构相对复杂，现场机械操作人员一旦出现操作失误，会对机械的正常使用造成影响，进而影响水利水电泵站工程建设的施工进度，情况严重时还可能导致现场作业人员的人身安全受到威胁。因此，施工企业应当定期对水利水电泵站工程建设施工现场机械作业人员进行专业的机械作业培训，并定期对其进行机械操作水平的相关考核。

3. 应用信息化管理

水利水电泵站工程建设施工信息化管理表现为：（1）建立科学的信息化管理平台。在对水利水电泵站工程建设施工进行信息化管理时，应当综合考虑和平衡各方的利益和需求。水利水电泵站工程项目在建设过程中，涉及多个管理层面，如财务管理、预算管理、合同管理、施工管理以及机械材料管理等。应该建立一个包括泵站建设施工管理实践、知识管理、情报管理、远程监控以及工程协调管理等多个功能模块的现代化水利水电泵站工程建设施工信息管理平台，该平台能够应用于不同的实践主体以及自动管理相关数据，实现对水利水电泵站工程建设施工相关信息资源的综合管理。（2）水利水电泵站工程建设工程进度和成本的信息化管理。水利水电泵站工程建设施工信息化管理中，应当添加水利水电泵站工程建设施工进度管理和成本管理的相关功能模块，使水利水电泵站工程建设管理者能够实时了解工程建设各个阶段的实际成本以及水利水电泵站工程建设的实时工程进度，以便管理者进行实际成本与预算成本的分析工作。

五、水利水电工程设计未来的发展趋势

1. 水利水电工程设计规范科学化

同传统的市政建筑工程施工相比较，新形势下的水利水电工程设计在软件系统以及标准体系上还有很大的开发空间，所以未来在设计规范标准上将会得到持续的改进，并且将会实现与高等院校和相关科研机构的横向联系，实现专业技能和业务水准的不断提升，促进水利水电工程设计越来越规范化和科学化。

2. 水利水电工程设计遵循程序

比如，在水利水电工程设计过程中，在方案的优化设计、招投标的选择管理、施工队伍的选用培训、施工成本的控制把握上，将会制定严格的程序规范，在人、财、物上体现出最优的配备应用原则。与此同时，为顺应水利水电工程设计标准化发展趋势，水利水电工程设计部门应强化设计人员的专业能力培训，通过定期或不定期的培训方式，引导设计人员学习专业知识，并以相关的政策为指导，规范自身设计行为，达到培养综合素质的目的，提升专业设计能力，促使水利水电工程设计工作得到规范，进而实现水

利水电工程设计标准化目标。

3. 水利水电工程设计生态环保

新形势下随着水利水电工程设计技术的日益健全完善，除了水利水电工程在堤坝泄洪、电能输送、水源供给等方面的常规作用外，社会公众对于生态环保、项目外观等方面的要求也将持续增强，尤其是国家和各级政府在资源节约型、环境友好型社会建设的理念影响下，水利水电工程设计也将越来越重视生态环保的需求，越来越满足人与自然、人与环境的和谐统一发展战略。

4. 水利水电工程设计美学化

基于新形势下，美学化逐渐上升至水利水电工程设计的发展趋势，逐渐得到水利水电工程设计人员的关注与重视，并以多样化形式存在于水利水电工程设计中。鉴于此，为充分发挥美学在水利水电工程建设中的价值和作用，在设计水利水电工程时，合理利用美学原理，将施工点的自然环境优势、地理特点等作为基础条件，采用艺术设计方式，优化水利水电工程环境。同时，在水利水电工程设计过程中，合理应用美学知识，实现水利水电工程设计与自然景观的统一，在发挥水利水电工程基本功能的前提下，展示水利水电工程的观光价值，推动城市景观建设发展，达到水利水电工程可持续发展目标。

第四节　水利水电工程景观设计

我国现代水利水电工程众多。新中国成立多年来，水利事业得到空前发展，全国各地先后修建了大大小小的水利水电工程约 8.5 万多个。这些水利水电工程不仅在防洪、灌溉、发电、航运、供水等方面发挥着巨大的综合效益，也逐步形成了自然景观与人文景观相结合的，具有较高开发价值的旅游景点或景区。

水利风景区是指以水域（水体）或水利水电工程为依托，具有一定规模和质量的风景资源与环境条件，可以开展观光、娱乐、休闲、度假或科学、文化、教育活动的区域。以水利水电工程为主体，集自然景观和人文景观于一体的水利旅游随着世界旅游的发展已渐渐显示出它蓬勃的生命力。国家政策的支持、丰富的水利旅游资源、人们日益增加的收入和休闲时间以及人们休闲观念的转变是我国发展水利旅游的四大先决条件。

一、概述

（一）水利水电工程的特点

水利水电工程包括水利和水电两部分，其中水利水电工程包括蓄水、防洪、灌溉、城市供水、航运、旅游等，水电工程简单地说就是利用水能发电的工程。

水力发电是利用水能推动水轮发电机旋转，发出电力。水能来源于落差和流景。河流从高处往低处流，是因为上下游两个断面之间存在着落差。一般情况下，水流的落差比较分散，只有在瀑布或有跌水的地方，落差才比较集中。

水力发电利用落差的办法大致有两种：对于比较平缓的河流，因落差小，就必须拦河筑坝，抬高水位，在坝前形成可利用的“水头”。对于比较陡峻，或可裁弯取直的河段，则可在河中筑一低坝或水闸，把水引到岸边人工开凿的比较平缓的引水道中，利用引水道末端（前池或调压井）与下游河道水面之间的落差，形成发电所需要的水头。

到水电站参观，矗立在眼前的是巍峨的拦河大坝、宽广的水面、宏大的溢洪道，还有地下长廊般的引水隧洞或玉带似的引水明渠，以及现代化的水电站厂房，等等。特别是独立在水库之中的进水闸门启闭机塔楼，更加引人注目。

一般来说，凡是为了达到发电及与之相配合的防洪、灌溉、供水、航运等目的，对河流或湖泊进行综合开发利用而修建的建筑物，统称为水工建筑物。

水电站的水工建筑物，一般包括拦河大坝（含溢洪道等）、引水道和厂房三大部分。习惯上称为水电站的“三大件建设”，一座水电站，不管是采用什么开发方式，都要修建这“三大件”，缺一不可。

水电站因规模大小不同，其水工建筑物的差别也很大：大型水工建筑物以其庞大、复杂而确立了它在水电站设计中的重要地位。中小型水电站虽然规模较小，但各种功能的水工建筑物都一应俱全。

1. 拦河坝（含溢洪道等）

用以拦断江河、拥高水位形成水库，为水电站提供流量和发电水头（落差）；溢洪道则用于泄放水库多余的洪水，排除冰凌和泥沙等。这两类建筑物主要有：拦河闸坝、开敞式溢洪道、位于闸坝上的溢流堰、泄水孔以及泄洪隧洞和排沙洞，等等。引水道，即输水建筑物。主要有用于引水发电的明渠、隧洞、压力钢管道等；用于灌溉、供水或航运的明渠、引水隧洞、引水管道、船闸（或升船机）等，也属引水道之列。

2. 厂房

厂房即为安装水轮发电机组及其附属设备、电器设备而修建的主厂房、副厂房、开关站和升压站等建筑物。设计水电站也就是要根据当地的地形、地质、水文等自然条件，因地制宜地分别对水库、大坝、引水道和厂房进行周密的构思，配合必要的勘测设计和科学实验，进行不同方案的技术经济比较，以求得技术上先进、经济上合理的最佳方案。

水电站由于地形地质和水文条件的不同，千差万别。要设计、安排好各项水上建筑物和机、电、金属结构等设备，确实是一个复杂的系统工程。因而，每座水电站枢纽结构布局各不相同，各具特色。水电站按集中落差方式的不同，可分为堤坝式、引水式和混合式三种。

3. 堤坝式水电站

堤坝式水电站是在河道上修建拦河坝，把分散在河道上的落差集中到坝前，抬高河水位，形成水库，调节径流。这种形式的水电站，一般在流量大、坡降小的河道上采用。

堤坝式水电站按水电站厂房所处的位置不同，又分为坝后式、河床式和岸边式。

（1）坝后式水电站。这种水电站的特点是厂房放在大坝下游，与大坝平行布置，大坝和厂房分开建设，厂房不承受上游水库的水压力。浙江的新安江、甘肃的刘家峡和湖北的丹江等水电站就是这种形式。

（2）河床式水电站。这种水电站多建在落差小、流量大的平原河流上。特点是水电站厂房和大坝一字排开，都起到拦河挡水的作用。例如，浙江的富春江、广西的西津和大化、长江上的葛洲坝等水电站就是这种形式。

（3）岸边式水电站。当河谷狭窄而布置不下厂房时，也可把厂房放在大坝下游一侧或两侧的岸边或岸边的山洞里。例如，四川的二滩、南盘江上的大生桥一级和吉林的白山水电站等。

4. 引水式水电站

这种水电站的拦河坝（闸）较低，主要靠修建较长的引水隧洞（或明渠）来集中水头发电。根据引水道集中水头的方式，又可分为沿河引水开发与跨流域引水开发两种形式。

（1）沿河引水开发。山区河流一般纵坡陡峻，水流湍急，有的地方还有瀑布或天然跌水。有的河段虽然坡度不大，但因为河道绕山头转一个大河湾，利用这段大湾道，采取“裁弯取直”，可获得较大的水头。

在上述河势条件下，便可以沿河或裁河湾修引水道，将水流平缓地引到下游适当地点，设前池（或调压井），利用前池与下游河道所形成的落差发电。云南的石龙坝、四川的渔子溪和新疆的铁门关等水电站便是如此。

（2）跨流域引水开发。这种水电站是利用两条相邻近河道之间的水位差，将位于高处的河水通过明渠或隧洞平缓地穿过分水岭，在另一条河边的适当位置建前池，利用前池与低处河流之间形成的落差发电。这种形式的水电站在云南较多。例如，以礼河梯级、老虎山梯级和依萨河梯级水电站等。

5. 混合式水电站

混合式水电站就是将前述堤坝式和引水式两种开发方式结合起来。顾名思义，混合式水电站的水头是由两部分组成的，即一部分靠修筑大坝壅高河水位；另一部分则靠修建较长的引水道取得。它既有较高的大坝，又有较长的引水道，具有堤坝式和引水式两种电站的特点。例如，云南黄泥河上的鲁布革和浙江乌溪江上的湖南镇水电站等。

（二）水利水电工程景观设计的背景

中国水资源总量在世界上仅次于巴西、苏联、加拿大、美国和印度而居第6位，而水电资源可开发量位居世界第一。我国正处于经济快速增长期，研究表明：在未来20年中，为解决水资源短缺问题，实现合理配置，满足防洪、电力供应等方面的要求，仍然需要修建大型水利水电工程。水利水电工程设计，以往多重视工程安全、质量、进度、投资的控制，较忽略人文、艺术及自然环境景观之间的和谐关系，以致所建成的工程大多显得没有特色。现代水利水电工程要求体现文化品位，要求将水利功能和生态功能、美化功能、和谐功能、可持续发展功能联系起来，实现水利的安全、资源、环境和景观四位一体。

建筑景观规划设计属建筑学、规划学和景园学范畴，但建筑师和景园规划师往往因缺乏水利专业知识和对水利水电工程的了解，无法胜任水利水电工程景观方面的设计；而水利专业的工程师却因缺少对环境规划理论和建筑学艺术方面的专业训练，做环境景观化的水利水电工程设计力不从心。另外，我国目前大多水利水电工程从项目的立项、可行性研究到初步设计、施工图设计等各阶段都没有景观设计的专项要求，只是在初步设计报告中有“生产生活区环境美化”篇章。

然而，我们目前开发建设的水利风景区有许多不尽如人意的地方。

旅游资源开发率低，造成资源浪费。随着社会的发展，水利水电工程的功能也发生很大变化，已由传统的灌溉、航运、防洪型向生态、环保、旅游型扩展。我国的水利水电工程大部分在高山深河地区，植被丰富、自然风景优美。水利水电工程的建设，形成的山水风光是一种得天独厚的自然、水域、人文景观，正迎合了人们回归自然、休闲度假的旅游心态。我国已有的8.5万多座水库中，具备旅游开发价值的占80%以上，但已开发的尚不足40%。

主要景观雷同，旅游产品单一，不易给游客带来新鲜感。各个水工程的堤、筑、库、渠，只有体量、形式上的差异，没有本质的区别。游客去一个水利景点，就可“窥一斑而知全貌”，所以外地游客不可能长途跋涉专门来看某一没有特色的水利旅游景点。因此水利旅游区要在水利景观设计上狠下功夫，用各具特色的景观来吸引游客。

有历史意义的人文景观较少。我国的水利水电工程，大多是新中国成立后的50年来建设的，因此具有历史意义的水工程相对较少。所以在水利旅游项目的开发中，应努力挖掘水文化，设计有内涵有品位的水文化景观，提高水利旅游区的文化含量。

随着水利部《水利风景区评价标准》（SL300-2004）和《水利风景区管理办法》（水综合［20041143号］）相继出台，我国水利风景区的建设已全面进入规范化的轨道。规范的建设要求规范的景观规划设计，而我国目前在这方面还不规范，需要积极研究，逐步完善。

（三）水利水电工程景观设计的目的和现实意义

1. 景观设计的目的

保护水生态环境，促进人与自然和谐相处、构建和谐社会。近年来旅游市场生意兴隆，社会上不少部门和单位十分垂涎水利风景区这块蛋糕，肆意侵占、盲目开发甚至疯狂掠夺，致使水生态环境遭受破坏、水源被污染，影响工程安全运行，甚至造成重大的事故。因此，如何合理地保护水利风景区，做到适度开放、科学开发，使之保持人与自然和谐相处的良好态势、实现可持续发展，是我们进行水利景观设计需要解决的首要问题。

丰富旅游项目，增加景观情趣。旅游图的是新鲜、刺激、差异。不同的景区，相同的景观元素，让人兴趣大减。所以对于以水库为主体开发的风景区或旅游景点，要各具特色，多姿多彩。积极设计，赋予每个景区适宜但又不同的景观元素，增加景观情趣，提升旅游价值。

综合利用，增加经济效益和社会效益。通过对水利水电工程的详细分析，研究其特点，对症下药，总结出实用的景观设计方法、途径。保护生态平衡，带动旅游发展，增加经济效益和社会效益。

2. 设计的现实意义

（1）有效利用自然景观，增加景观资源。我国人口众多，自然景观和人文景观也数量丰富，但人均景观量少。水利水电工程建设区远离城市，自然风景优美，多数具备旅游开发潜力，科学进行景观设计，合理利用，为渴望自然，亲近自然的人们提供了好去处。所以，做好景观设计，意义重大。

（2）创造爱国主义基地和科学教育基地。水利水电工程本身有许多科技含量，而这些科技含量产生的科技成果只为少数人所掌握，行业以外的人很少了解或者根本就不了解。所以我们创造条件，让更多的人主动或被动地通过参观、旅游，了解我们国家的科技发展水平、了解自己的国家民族、激发他们的爱国热情，达到科学教育的目的。

（3）激发认识自然的积极性、增加人际交往。随着经济的发展，生活水平的提高，人们越来越注重生活品质，城市公园、广场、绿地、娱乐场所等已不能满足人们日益提高的精神需求。去户外观光、度假、休养、旅游，并通过摄影、写生、观鸟、攀沿、自然探究、科学考察等活动，亲近自然、认识自然、欣赏自然、保护自然，以自然景观和人文景观为消费客体。旅游者置身于自然、真实、完美的情景中，可以陶冶性情、净化心灵，充分感悟和审美自然，增加人际交往。

（4）保护水生态环境，促进人水和谐发展。水利风景区的景观设计是水生态环境保护的有效途径之一。水利风景区在涵养水源、保护生态、改善人居环境等诸方面都有着极其重要的功能作用。加强水利风景区的景观设计，是促进人与自然和谐相处、构建和谐社会的需要。2006 今年水利部制定出台《水利风景区发展纲要》，是为了明确水利风景区建设与发展的思路，有计划、有步骤、科学合理地开发利用和保护水利风景资源，进一步促进人与自然和谐发展。

（5）保持生态平衡、节约投资。水利水电工程建设中和建成后或多或少地破坏了当地的环境和生态，水利高坝大库大幅度地改变了大自然的景观。进行景观设计，做到少破坏环境和生态，修复和维护环境和生态，增加环境容量，保持生态平衡。水利水电工程发展的 50 多年来，我们经常只进行工程规划、设计、施工，忽略了后面的发展水利风景区、水利旅游等，所以经常进行二次设计，这样不但加大了投资，而且为风景区的规划、设计增加了难度。

（6）发展经济。水利风景区也是水利行业的重要资源。过去，我们往往只看到水利行业有水土资源即水资源和部分土地资源，没有认识到水利风景区也是一项重要的资源，因时开发利用不够，致使许多资源闲置，难以转化成管理单位的经济收入。观念转变后，在确保水利基础设施安全特别是防洪安全的前提下，我们可以适当地增加景观点、增加游览项目，将部分水利风景区对外开放，既可以为群众提供观光旅游的景点，又可以增加一些水利管理单位的收入，提高社会效益和经济效益。

二、水利水电工程景观设计范畴及资源分析

（一）水利水电工程景观设计范畴

1. 景观设计概念

俞孔坚博士认为：”景观设计是关于土地的分析、规划、设计、管理、保护和恢复的科学和艺术。”

广义的景观设计：主要包含规划和具体空间设计两个方面。规划是从大规模、大尺度上对景观的把握，具体包括：场地规划、土地规划、控制性规划、城市设计和环境规划。场地规划是把建筑、道路、景观节点、地形、水体、植被等诸多因素合理布置和精确规划，使某一块基地最大限度地满足人类使用要求。土地规划相对而言主要是规划土地大规模的发展建设，包括土地划分、土地分析、土地经济社会政策以及生态、技术上的发展规划和可行性研究。控制规划主要是处理土地保护、使用与发展的关系，包括景观地质、开放空间系统、公共游憩系统、排水系统、交通系统等诸多单元之间关系的控制。城市设计主要是城市化地区的公共空间的规划和设计，如城市形态的把握，和建筑师合作对于建筑面貌的控制，城市相关设施的规划设计（包括街道设施、标识），等等，以满足城市经济发展。环境规划主要是指某一区域内自然系统的规划设计和环境保护，目的在于维持自然系统的承载力和可持续性发展。

广义的景观设计概念会随着我们对自然和自身认识的提高而不断完善和更新。

狭义的景观设计：综合性很强，其中场地设计和户外空间设计是狭义景观设计的基础和核心。盖丽特·雅克布认为景观设计是在从事建筑物道路和公共设备以外的环境景观空间设计。狭义景观设计中的主要要素是：地形、水体、植被、建筑及构筑物、以及公共艺术品等，主要设计对象是城市开放空间，包括广场、步行街、居住区环境、城市街头绿地以及城市滨湖滨河地带等，其目的是不但要满足人类生活功能上、生理健康上的要求，还要不断地提高人类生活的品质、丰富人的心理体验和精神追求。

2. 景观设计分类

水利风景资源是指水域（水体）及相关联的岸地、岛屿、林草、建筑等能对人产生吸引力的自然景观和人文景观。

（1）自然景观

自然景观是由自然地理环境要素构成的，其构成要素包括地貌、生物植被、水以及气候等，在形式上则表现为高山、平原、谷地、丘陵、江海、湖泊等。自然景观是自然地域性的综合体现，不同地理类型的自然景观呈现出不同的地理特点，也体现出不同的审美特点，如雄伟、秀丽、幽雅、辽阔等。

自然景观分地理地貌类景观、地质类景观、生态类景观、气象类景观、气候类景观。

（2）人文景观

人文景观是指人类所创造的景观，包括古代人类社会活动的历史遗迹和现代人类社会活动的产物。人文景观是历史发展的产物，具有历史性、人为性、民族性、地域性和实用性等特点。

人文景观分古代人文景观和现代人文景观。

古代人文景观分三类：

第一类有儒家的书院，道家的宫观，释教的寺院庙宇、石窟、塔台、如白鹿洞书院、石鼓书院、白云观。

第二类是以古代帝王将相活动遗迹和重要历史事件纪念地为主的人文景观资源，如宫殿、苑囿、祭坛、陵墓、祠庙以及古城古寨、古长城、古战场、古关隘、古栈道等。例如，兵马俑、乾陵、长城。

第三类是各种名人故迹、文化遗迹、古桥古道、骨节鼓舞以及具有民族文化特色的村寨和独特的民族风情等，如赵州桥、都江堰、西安半坡人遗址。现代人文景观是指那些能体现科技文化水平和现代人类高度创造性的景物。比之古代人文景观，现代人文景观一般具有体量大，科技水平高和美观大方等特点。像五峰书院、三峡水库、西昌卫星发射基地等。

3. 水利水电工程景观设计内容

从广义和狭义两种景观设计概念看，水利水电工程景观设计也分为景观规划和具体空间设计两部分。景观规划包括场地规划、环境规划、旅游容量规划；具体空间设计包括自然景观的设计、人文景观的设计。

景观规划从景观设计构思、景观设计定位、景观布局和道路交通组织方面进行了分析；景观设计仅对水体景观设计、建筑景观设计和绿化景观设计做了分析。

4. 水制水电工程自然景观设计方法

水利水电工程的自然景观指工程建成区及其周围的一些特殊的自然景观资源，它是景观构成的基本要素，也是景观设计的基础。自然景观包括对动植物、地形地貌、水体、气象、气候等的保护、利用（也叫借景）和开发（也叫造景）。

自然景观千姿百态，在景观设计中应根据其地理位置，面积，地形特点，地表起伏变化的状况、走向、坡度，裸露岩层的分布情况等进行全面的分析、评价。地理位置对景观设计与规划极其重要。

自然景观的保护：自然界的山体、平原、河流、植物、阳光、风雨等给了人类不同的感观享受，人类把这些能引起愉悦感受的综合体称之为景观。然而人类行为经常破坏或影响这些最原始、最本色的自然景观。树木的砍伐、植被的破坏造成大面积水土流失，洪水、泥石流、干旱等带给人类无数痛苦的记忆；污染物的排放，造成空气污染和水体污染，许多人因此遭受病痛的折磨。光秃的山体、干裂的平原、散发着恶臭的黑色水体，被粉尘包裹着的树木花草，黄沙飞舞的风和酸雨等，这些曾经给人愉悦感受的物体，现在却让人不舒服，这就是不尊重自然、不保护自然的后果。

水利水电工程景观设计首先要做的就是保护自然景观。没有保护，就没有后续的利用与开发。自然景观资源是取之有限，用之有度的。不及时保护，就会遭到破坏和毁灭。“保护是前提，发展促保护”是我们进行景观设计的准则。

“电影《无极》剧组在云南香格里拉碧沽天池拍摄，对当地自然景观造成破坏”，仇保兴说，云南香格里拉碧沽天池地处海拔 4000 多米的高山，池水清澈澄明，池畔遍布罕见的杜鹃花，周边覆盖着茂密的原始森林和草地。电影《无极》剧组的到来使美丽的天池犹如遭遇了一场毁容之灾，不仅饭盒、酒瓶、塑料袋、雨衣等垃圾遍地，天池里还被打了一百多个桩，天池边禁伐区的一片高山杜鹃被推平，用沙石和树干填出一条简陋的公路，一个混凝土怪物耸立湖边，一座破败木桥将天池劈成了两半。仇保兴还批评了过度人工化、城市化，乱占地建房、毁坏自然遗产等当前城镇和风景区建设中存在的破坏水环境等问题。他举例说，一些地方在核心景区和近核心景区大量建造宾馆或增加床位，过度使用景区溪水和抽取地下水，造成溪流、泉水干涸，地下水位下降。有的地区放任占景建房，盲目进行修堤、填湿地造田，截弯取直河道等。浙江著名的风景区雁荡山原以溪景闻名，由于过度抽取地下水，绝大多数的溪流干涸，潺潺溪流之景再难呈现。

自然景观的利用：水利水电工程建成区及其周围经常有一些特殊的自然景观资源，国家级或地方级保护的动物、植物、珍禽异兽、奇花异草。把它们纳入景观规划范围区，使其成为我们的景观点之一。常用的方法：一是划分专门的珍稀动植物保护区，设参观走廊。二是在邻近保护区设立观景点。

自然景观的开发：就是把具有重要的科学价值和观赏价值的岩溶地貌、丹霞地貌、雅丹地貌、喀斯特地貌、地震遗址、火山口、石林、土林、断裂地层、古生物化石、洞穴景观、火山、冰用、海岸、花岗岩奇峰等奇特的地质地貌景观开发为旅游景观。

5. 水利水电工程人文景观设计方法

人文景观的设计就是将历史景观与自然景物和人工环境，从功能美学上进行合理的保护、开发与改造利用的活动。它主要通过文物、古迹、诗文、碑刻这些历史景观，人工筑台、堆山、堆石、人工水景、绿化等这些可以改造的自然景观，以及人工设施景观的建筑物、构筑物、道路、广场和城市设施等元素来反映。

古代人文景观的设计方法包括发掘、保护和搬迁。

人文景观的发掘：主要针对库区淹没范围内的地下文物。所谓文物，就是历代遗留下来的、在文化发展史上有价值的东西，如建筑、碑刻、工具、武器、生活器皿和各种艺术品等。文物，是不能复制的永恒的历史，也是一个民族辉煌历史最有力的证明。珍视文物，就是珍视历史；保护文物，就是保护自己的血脉。据介绍，从 1992 年三峡工程开工建设以来，全国 72 家考古单位、数千名考古工作者，对三峡地区文物展开了调查，年挖掘量超过 20 万 m^3，相当于平常 10 年的工作量，目前已完成规划地下工作量的近 90%。据不完全统计，共出土珍贵文物 9000 余件，一般文物 17 万余件。

人文景观的保护：库区淹没范围内的地下人文景观和地面人文景观。在地面文物保护方面，对重庆涪陵白鹤梁题刻、忠县石宝寨等实行原地保护。白鹤梁是三峡库区唯一的全国重点文物保护单位。163 段，3 万余言题刻和 14 尾浮雕、线雕石鱼及石刻图案不仅具有极高的文学、艺术、历史价值，而且记录了 1200 余年来长江上游珍贵的水文资料和当地农业丰欠情况，被誉为世所罕见的“水下碑林”和“世界第一古代水位站”。

人文景观的搬迁：地面人文景观除过原地保护还可异地搬迁、复建。据报道，三峡库区的张飞庙异地搬迁，称归凤凰山搬迁复建。

湖北省秭归县文物局局长梅运来介绍，三峡工程蓄水前，国家有关部门在三峡大坝上游一公里处的秭归县凤凰山建立了地面文物搬迁复建保护点，秭归青滩江渎庙、古民居、归州古城门、古牌坊和归巴古驿道上的石桥等 20 余处三峡库区淹没线以下的古建筑，被整体迁建到凤凰山。这些地面文物基本浓缩了湖北秭归三峡库区的古建筑精华，代表了三峡地区典型的古建筑风格，具有很高的文物价值。其中整体复建的江渎庙是我国唯一的祭祀长江水神的寺庙，也是目前保存最为完好的祭祀河神的庙宇。据了解，凤凰山复建文物的数量、规模、集中程度属于三峡库区之首，被人们称为中国地面文物的复建博物馆。凤凰山古建筑复建群已被列为国家文物保护单位。目前搬迁复建工程全部完工，已经开始接待游客。

现代人文景观设计包括景观的总体规划和布局，以及详细设计。

景观的总体规划和布局主要包括：水利水电工程景观立意、景观形态、景观布局以及景观设计构思与定位、道路交通组织等。

景观的详细设计主要包括：水利水电工程水体景观设计、建筑景观设计、绿化景观设计、小品景观设计、照明景观设计及游乐设施、服务设施等的设计。

（二）水利水电工程景观资源分析

水，历来被视为“万物之本原，诸生之宗室也”，烟波浩渺的水体是水库的主景，水库周围的群山则是限定水域空间的实体，往往给人以强烈印象。湖滨浅滩，洲岛湖湾，属山水之间的边际风景，是水库景观中变化最丰富的风景元素。与山水共间构成水库景观的还有日、月、雨、雪等因素以及飞鸟走兽和草地林木等动植物景观。

1. 山环水绕，水山竞艳

水利水电工程多在高山峡谷地区，山体的自然地形限定了水体的边界，山体连绵，水岸曲折，山环水，水绕山，山水相依。山的巍峨、陡峭衬托了水的温柔、妩媚，水的含蓄、内敛显示了山的张扬、自信，山水共处，互相衬托，魅力倍增。陕西黑河金盆水库就由众多连绵山体围绕而成，山青吸引人，水秀更妖娇。陕西冯家山水库，远眺水库似已达尽头，驱舟探胜、绿水青山、水转山环，可谓柳暗花明又一村。河南云台山因山势险峻，山间常有云雾环绕而得名。其景区奇峰秀岭连绵不断，主峰茱萸峰海拔1304m，其次还有五指峰、达摩峰、张良峰和佛龛峰，峰势各异，景色优美。云台山也以水叫绝，素有“三步一泉，五步一瀑，十步一潭”。景区内落差314m的云台天瀑犹如擎天玉柱，蔚为壮观，天门瀑、白龙瀑、黄龙瀑、Y字瀑、情人瀑等众多瀑布和水潭越发衬托了山的巍峨。

2，岛屿众多，形态各异

水库一般在溪谷、江河中筑坝拦水而成。其周围常群山环抱，部分山体因水淹没成洲岛，在高山地区多形成半岛，在丘陵地区则半岛和岛屿兼而有之，数量的多少取决于水库蓄水位高程与原有地形海拔之间的关系。以千岛湖为例，由于水位较接近库区内大多数原有山峰的海拔高度，故形成了千岛奇景。而因为相反，在三峡工程竣工之后，将在库区周边，主要是接近大坝的地方形成一些半岛。

岛屿往往是开展野营、探险、休疗养和动植物考察等旅游活动的良好场所。新安江千岛湖现已开发的主要旅游景观资源，便是利用岛屿的“天然界线”设置了猴岛、鸟岛、鹿岛等“一岛一名”的观光项目，展示了岛屿景观资源用于发展旅游业的独特优势。

3. 湖湾曲折，呷角长伸

山地都有众多的沟谷和山岗。水库蓄水后前者成了扑朔迷离的湖湾，后者成了长伸水中的呷角。湖湾使水库多了份神秘，也让景观设计中景点的布置疏密有序，有藏有露，增加看景的趣味。呷角在景观设计中也很好利用，可作为游船码头，钓鱼岛，小游园等。著名者有浙江天顶湖百湾迷宫。

4. 历史遗流，风景名胜

水库的人文景观除了一般风景区常见的古建古园和村寨民俗外，历史遗迹及文化奇迹最具特色。

中国是一个具有悠久历史的国家，各大水系又往往是各个历史时期文明的发祥地。因此，许多电站水库基址原有的村寨、古建筑、石刻、奇峰、异石和古树是当地的景观资源。蓄水后这些景观难以再见，但作为一种文化，一种历史却能长存世间。只要引景得当，能勾起游人无限遐想。以三峡工程为例，水位的上涨将淹没共 155 处已经公布的文物古迹，其中全国重点文物保护单位 1 处（涪陵向鹤梁），省级文物保护单位 10 处；市、县级文物保护单位 144 处，另有 8 处文物已列入第四批全国重点文物保护单位。除此之外，还有数量众多的其他文物设施，以及具有重要历史文化价值的城镇、寺庙和民居，等等。对于即将淹没的文物古迹可采取搬迁、文字记载和实物拍照等方法，使其继续流传。

5. 水利赧组，旌伟壮观

雄伟壮观的大坝、泄洪溢洪洞、发电厂房（特别是洞中发电厂房）、输水渠道、跨河桥梁、过水渡槽等一系列水工建筑物，是库区特有的景观资源。另外大坝坝址的选择、坝型的设计、坝高的确定及发电设施的布置等都体现了设计者高水平的科学技术与文化修养，有很高的科学价值和景观价值。

1956 年安徽金寨建成梅山水库，坝高 88.24m，为中国最高的混凝土连拱坝。

1960 年浙江建德新安江水电站，中国第一座自己勘测、设计、施工和自制设备的大型水电站，厂房顶溢流式。

三峡水电站总装机 1820 万 kW，年发电量 846.8 亿看 kW·h，是世界上最大的电站。

三峡水库回水可改善用江 650 公里的航道，使宜渝船队吨位由现在的 3000 吨级堤高到万吨级，年单向通过能力由 1000 万 t 增加到 5000 万 t；宜昌以下长江枯水航深通过水库调节也有所增加，是世界上航运效益最为显著的水利水电工程。

三峡工程包括两岸非溢流坝在内，总长 2335m。泄流坝段 483m，水电站机组 70 万 kW × 26 台，双线 5 级船闸 + 升船机，无论单项、总体都是世界上建筑规模最大的水利水电工程。三峡工程主体建筑物土石方挖填量约 1.25 亿 m^3，混凝土浇筑量 2643 万 m^3，钢材 59.3 万吨（金结安装占 28.08 万 t），是世界上工程量最大的水利水电工程。

三峡工程深水围堰最大水深 60m，土石方月填筑量 170 万 m^3，混凝土月灌筑量 45 万 m^3，碾压混凝土最大月浇筑量 38 万 m^3，月工程量都突破世界纪录，是水利施工强度最大的工程。

三峡工程截流流量 9010m^3/s，施工导流最大洪峰流量 79000nm^3/s，是世界水利水电工程施工期流量最大的工程。

三峡工程泄洪闸最大泄洪能力 10 万 m^3/s，是世界上泄洪能力最大的泄洪闸。三峡工程的双线五级、总水头 113m 的船闸，是世界上级数最多、总水头最高的内河船闸。

三峡升船机的有效尺寸为 120×18×3.5m，总重 11800t，最大升程 113m. 过船吨位 3000t，是世界上规模最大、难度最高的升船机。

像三峡拥有多项世界之最，毫无疑问就是水利科普旅游的首选基地。

三、水利水电工程景观设计现状及发展趋势

（一）水利水电工程景观设计现状问题分析

1. 景观立意千篇一律，缺乏新意

现有的水利风景旅游区大多都有钓鱼、划船、农家乐，新兴的千亩苹果园、万亩桃园，也呼啦啦一大片仿效着，不想点新鲜的招数，单纯靠增加亩数来吸引游客，往往达不到预期的效果。现在生态景区很流行，于是，圈一大片地，不规划建设，任其杂草丛生，却美其名曰原生态。

2. 景观形态单一，缺少变化

景观雷同，缺少独特性，游客过其门而不入。景观独特性是该景区区别于其他景观的特征。景区个性越强，吸引力就越强，游客就会乐游不倦，如黄山以奇绝的山形，恢宏的气势，特有的植被（黄山松），妙不可言的云海而有别于其他名山，故才有“五岳归来不看山，黄山归来不看岳”的赞誉。杭州、桂林都是以山水取胜的著名风景区，杭州西湖有“浓妆淡抹总相宜”的秀丽风光，桂林漓江有“水作青罗带，山使碧玉簪”的优美山水。

3. 景观布局混乱

（1）孤立性。水利水电工程景观的主体就是水体，景观设计中光围绕着水做文章，忽略了周边区域的景观设计，景观变得单调而封闭，造成景观与周围环境的脱节。

（2）封闭性。由于大多数旅游景区都存在以库养库的问题，管理者为便于管理和节省开支，常常只设计一个或两个入口，像“自古华山一条道”一样，游人从哪进还得从哪出，库区的岸线一般都较长，景观也是顺着岸线走，游人时间有限，常常得半路原道返回，导致景观轴线远端的景点无人光顾，也无人管理维护，最后衰败残破。还有相

邻景点之间因为联系的不便捷，游客需绕道前往。

（3）无序性。两个相邻景点之间有一片大草坪，游客经常选择从草地穿过，屡禁不止，究其原因，不是游客素质差，而是从前一个景点到第二个景点有一条L型路，这条路在总平面图上看很对称，很笔直，符合整体协调美，但实际上当游客刚走到草坪区就一眼看见第二个景点，探奇的心情急切，而连接的路既长又绕弯，所以情急之下自己走出符合行为心理的路来。这是道路交通组织中片面强调景观美学，忽视人的行为的表现。

4. 景观设计初思欠缺

水利风景区的景观主体是水，大面积的水体吸引了不少游人，然而很快人们就厌倦了这种波澜不惊的水体景观。这就是构思过程中忽略了人的渴望参与性、惊险性、刺激性。

5. 景观定位起点低

景观定位太普通和常见，主要的游览内容其他景区也有，没有独特的、与众不同的景观卖点；或者景观定位不准确，把重要的能吸引人的景观元素给淡化了，埋没了，把常见的或邻近景区有的定位为主要景点。

6. 道路交通组织欠缺

路线单一，有些危险地段的景点也只有一条路，路也很危险，想看不敢路过的，不看想绕过的，都别无他路可选，最终是要么放弃，要么冒险穿过。

路线平坦、几乎所有景点平铺直叙的进入眼帘，缺少惊喜和刺激。古典园林的景观设计手法中隔景、框景、借景就是有意识地制造惊喜，让人体会到别有一番洞天的景象。

（二）水利水电工程景观设计现状问题深层原因分析

1. 社会因素的影响

从2001年有了水利风景区的概念到2006年，先后颁布实施了《水利风景区管理办法》《水利风景区评价标准》《水利风景区发展纲要》，使水利旅游开始大张旗鼓的开发建设。然而在发展的过程中，由于政治、经济和文化因素的影响，水利水电工程景观设计中出现许多问题。

（1）政治因素

保护与发展的矛盾。工程区要建度假村、民族风情园等项目，但可用上的资源有限。为了保护地形地貌景观资源而减少大面积开山平地，为了保护野生动物栖息地而禁止自发建设等，保护与开发建设的矛盾常有发生。

“政绩工程”的影响。工程的最高管理者为了政绩，不管工程的景观资源条件是否具备，匆匆上马，短期完工，造成设计与施工囫囵吞枣，景观可视性差。

（2）经济因素

建设资金短缺。由于资金问题，有的工程在规划设计阶段就实行减项设计，有的规划设计已完成，但在建设的过程中，被迫停工或减项。

招标弄虚作假。某些业主为了谋取自己的私利，收受贿赂，设计招标时走个程序，把工程下给贿赂自己，而又没过强设计实力的单位。

二次分包。有些单位或个人凭关系拿到工程，或没实力或工程太多忙不过来，于是私下二次分包，从中赚取中介费。

（3）文化因素

文化是人类群体或社会的共享成果，这些共有产物包括价值观、语言、知识和物质对象。由于人类生理上的类似性、社会生活基本需要的一致性、自然环境的限制等因素，人类文化具有普遍性。又由于文化要适应特定的环境条件，包括自然条件和社会条件，所以文化又有差异性。

①传统文化。传统文化是民族文化千百年来在扬弃、继承和发展过程中的经验积累。传统文化表现为显性形态和隐性形态。景观中的显性形态是指那些可见的景观要素，包括建筑、小品、水景、栽植等，显性形态直观，易于解读。从目前的景观设计来看，显性形态依然占据着重要地位，比如景观风格是中国古典园林式的，景观建筑是仿古建筑，长城和护城河是抵御外敌入侵的象征。隐性形态是指那些潜在的、影响深刻的因素，例如政治、经济、社会习俗、宗教信仰等方面，其范围相当广泛。与显性文化形态相比，隐性文化形态含蓄、深刻，西藏的哈达沉底奇观和木里县的玛尼堆是宗教信仰的表现方式。传统文化以各种方式进入我们的知识储备仓库，且经常不以人的意志为转移，所以在进行景观规划时，它的影响很大。

②时代文化。文化具有时代特征，石涛曾讲："笔墨当随时代。"时代的文化特征耳濡目染着人们，所以在进行景观规划时就势必受当下的文化特征影响。景观设计的目的是吸引游人，吸引游人的法宝是景观特征，独特的景观特征是时代文化的产物。因此时代文化的先进性、科技性和被接受的普遍性是景观规划的主要制约因素。

2. 内部因素的影响

（1）自然资源条件因素

景观的构成要素地形地貌、气候、植被、水体、建筑等限制和影响着景观规划。

①地形地貌：规划区的现状地形条件，包括平地、丘陵、山峦、山峰、凹地、谷地、台地、河道、湖泊等。一块基地既可利用其现有自然美学特征规划为自然景观，也可"因势、随形、相嵌、得体"地规划为人文景观。意大利台地式花园的形成即由当地的地貌特征所决定，延安的窑洞大学也是根据其特殊的地形地貌而规划建设的。景观设计师的任务就是通过考察充分了解每块场地的地形特征，然后因地制宜地规设设计。

②气候：最显著的特征是随着时间的变化而发生温度变化。气候也随着纬度、经度、海拔、日照强度、植被条件、海湾气流、水体、积冰和沙漠等这些因素的变化而变化。

气候不同，人们的活动方式和范围也不同。寒带地区冬季积雪较深，人们喜欢滑雪、滑冰等户外活动；湿热性气候的夏季闷热潮湿，人们喜欢游泳。了解了场地的气候，规划时就可通过场地选择、植物种植、建筑朝向等措施来适应气候的变化，达到减弱寒风侵袭、遮挡太阳直射、迎接阳光和微风的目的。

③植被：自然中的植被种类多样，功能只有三种：建造功能、环境功能和观赏功能。建造功能指植被能在景观中充当建筑物的底面、天花板、墙面等限制和组织空间的作用。环境功能指植被能影响空气的质量，防治水土流失、涵养水源、调节气候。观赏功能指因植被的大小、形态、色彩和质地等特征，而充当景观中的视线焦点。同时，不同的民族文化对植被的审美方式不同。法国规则式园林中植被往往被修建成规则的几何型，而在英国式的自然园林中，植被往往不加修建成自然生长的态势，设计中注重植被种类和形态的多样性组合。

④水体：水利水电工程中的水体常常是筑坝拦水，形成大面积水体。水体的集聚改变了工程区的水文、地质地貌、气象等。水体又是景观的主要构景元素，水体的外形轮廓、水面的大小、水深、水质等是景观规划时必须考虑的因素。

⑤建筑：场地中最常见的人文景观。场地中已有的不能拆除的建筑常常是规划设计的难点。建筑场址、建筑体积、建筑体型和建筑外观是制约的主要因素。规划中常用的方法有保留、改造、搬迁和拆除。

（2）功能因素

景区的设计定位和功能分区，影响和制约着景观的规划。科学考察类、探险类、观光类、度假休闲类、生态旅游类还是综合旅游类。设计定位不同，景观规划的方法不同，功能分区如水库运动区、水库度假区、水库沿岸休息区、民族风情园等分区不同，景观规划的方法不同。

（3）规模因素

景区规模本身视游憩需要而定，空间规模应当满足当地城市居民的游憩要求，同时规模的大小也与景区的吸引力有很大的关系。一般来说，规模越大，综合内容越多，吸引力也越大，同时景观问题的处理也越复杂。

3. 外部因素的影响

（1）外部空间环境因素

每个景区都不是孤立存在的，而是和周围环境要素一起构成一个空间。景区环境和周围环境互相影响、互相制约、互相因借。景区外环境不利时，可采取障景的手法；有利时，可采取借景和框景的手法。

（2）使用者的因素

风景旅游区的使用者在城市公园景观设计中发挥着相当重要的作用。

对景观设施的选择：布置在水畔、花草间的休息凳椅受欢迎，因为方便赏景。布置在树下的因为有一定的私密性而受欢迎。布置在路两边又朝向行人的是最次的选择，因为一方面无景可赏或赏景受到干扰，另一方面自己完全暴露在行人面前，缺乏私密性。

对交通道路的选择：年轻的赏景者喜欢变化多端的、神秘的、有挑战的、刺激性强的路段，而体弱的、年老的喜欢平坦的、舒适的、安全的路段。更多的是喜欢抄近路，比如禁入草坪常常有被踩踏出来的路。景区的景观设施、景观布局、景观元素等都是为景观对象服务的，当不能满足景观对象的需求或不符合景观对象的常规习惯时，往往会破坏原有的规划。

（3）业主的因素

片面追求利益最大化。业主受商业开发的影响，追求短期利益，忽略长远发展。对能盈利的项目不管是否合适一个不落的全上；有的要照抄照搬别家景区的景观节点到自家来；有的甚至集合了各家所有有名的景观节点或景观区，弄得像个景观集锦园。有的业主想法太多、“长官意志”太强、干预太多，捆住了规划者的思路和灵感；有的不问投资，只问回报，使规划者产生抵触情绪，应付了事。

（4）设计者的因素

投资控制的限制。业主的最低造价要求限制了设计者的手脚，使设计者在设计时一心只想着降低造价，忽略了景观设计的最终目的“为景观对象服务，满足其赏心、悦目、探新、猎奇的心理需求”。

进度控制的限制。现在是市场经济，做事讲究效率。业主赶时间，设计者也赶时间，所以在时间限制下，设计者的方案构思和设计往往仅凭借现有经验和爱好，缺乏对场地环境和资源条件的深刻理解，也没时间仔细研究使用者的需求和行为心理。

设计水平的限制。目前水利水电工程设计和后期的旅游开发设计任务都是由各水利设计院承揽，而其人员配置中只有很少比例的建筑学专业人员，且一般从事水利附属建筑设计和简单的总平设计，对水利知识了解少，景观设计经验更少。还有的只凭个人理解和喜好，不管不顾景观对象行为心理需求，设计了违背景观对象意愿的作品。

拉特利奇指出：设计者的出路就是在那些所谓大师与自我专制者之间开拓一条中间的道路，这就需要有一个超越自我而进入他人的意境，然后再回到自我内心世界的过程，从而卓有成效地进行设计。

（三）水利水电工程景观设计发展趋势

1. 景观设计体系健全，人才专业化

随着水利旅游的发展，水利水电工程景观设计体系会日益健全，整体规划设计会逐步取代二次设计和改造设计。景观设计人才也逐步专业化，替代建筑学、城市规划和风景园林专业，发展成专门的水利景观设计专业。

2. 景观基础设施的完备

（1）四通

原来的基础设施通常包括路通、水通、电通，现在通信发达了，如果进入深山老林，手机没了信号，失去了便捷、畅通的联系方式，人们就会感到极大的恐惧。放心、舒坦、快乐、满意是出门旅游的目的，如果基本的要求不能满足，出行者就会担心、忧郁，以致放弃。

（2）安全设施和服务设施到位

安全是人们出行旅游的基本心理保障。安全设施的完备程度，直接影响着游客的数量。旅游的六大要素：吃、住、行、游、乐、购，也被称为旅游六项产业。随着生活水平的提高，人们日益注重享受生活，吃的美味，住的舒适，行的方便、快捷和安全，游的快乐、高兴，享受的舒心，购的满意，旅游者感到不虚此行，六项服务部门也因此达得到发展。大家互惠互利，皆大欢喜。

3. 景观多元化趋势

随着经济的发展，人民群众的物质文化和精神文化需求不断提高，对游憩的需求也呈多元化发展趋势，进而引起了景观设计的多元发展趋势。水利水电工程景观多元化表现为游乐内容的多元化，景观风格的多样化，景观参与性的多样化。

（1）游乐内容多元化

自主欣赏水体景观、植物景观、建筑景观、小品等；参与游乐设施（如划船、歌、攀岩等）；比赛游乐项目（如划船比赛、商品设计、景观设计等）。

（2）景观风格的多样化

有中国古典园林式、现代园林式、生态园林、日本园林式、英国自然园林式、现代高科技园林等。

（3）景观参与性的多样化

由单纯的欣赏水体、划船到游船、快艇比赛、激流勇进，水体景观设计比赛等。让有兴趣的游人参与到景观规划设计中，提意见，设计方案，或修改原有景观方案。增加机械游乐设施，增加健身器械等。由参观、购买民族商品到参与制作、花样翻新，像城市中的陶吧一样，游人通过参与制作，享受到极大的乐趣。攀岩、卡丁车、双人自行车等都是游人可以参与的游乐方式。

4. 公益性和开放性加强的趋势

不少人认为开发旅游就是设关卡，收门票。其实近几年已陆续有城市公园、博物馆、纪念馆等营利性观光项目对外免费开放，公益性日益加强。随着社会的持续发展，越来越多的旅游景点或景区都会免费开放。同样，水利水电工程景观区也会实现景观资源免费共享，服务收费的景观设计模式。

以前及至现在我们进行景观设计的目的是吸引很多的游人，赚更多的钱。而未来景观设计的目的是吸引人民群众走出户外，强身健体；加强各地区、各民族的文化交流和互动；提高享受大自然，探索大自然的兴趣；增强热爱科学，保护自然，保护环境的意识；提高民族整体文化素质。

四、水利水电工程景观设计对策

（一）水利水电工程景观设计的原则

水利旅游作为旅游业的一支新生力量，以其秀美的山水、壮观的水利水电工程、浓郁的水文化，吸引了越来越多的人，成为旅游的一朵“奇葩”。近几年，水利行业依托水利水电工程形成了大量人文景观、自然景观，水利旅游作为发展已取得了一定的经济效益、社会效益和环境效益。为充分发挥水利水电工程的综合效益，水利部已将水利旅游、供水、发电并列为水利经济的三大内容。发展水利旅游有利于促进水利经济的增收，壮大水利系统的经济实力。

为了促进水利旅游更好地发展，在水利水电工程景观设计过程中应该遵循以下原则：

1. 整体性原则

目前由于受经济、决策者、设计者和施工等其他因素的制约，水利水电工程建设和水利景观建设不能同步进行，通常是水利水电工程先实施，而后几年甚至十余年时间陆续进行景观设计，开发旅游。为了避免工程建设和景观旅游开发建设脱节带来的种种问题，我们倡导规划者在进行整体规划时综合考虑，将工程规划设计与景区规划设计有机结合，为后期景观旅游开发建设留有余地，并提供必要的条件。整体规划，分期建设、分步实施是结合水利水电工程发展旅游的一条行之有效的途径。

2. 他方性原则

水利水电工程因其所在地不同，而有不同的自然景观和人文景观，这些与众不同的地方特色景观构成了水利水电工程景观的地方性和独特性，具体表现在：

（1）充分运用当地的地方性材料、能源和建造技术，特别是独特的地方性植物。

（2）顺应并尊重地方的自然景观特征，如地形、地貌、气候等。

（3）根据地方特有的民俗、民情设计人文景观。

（4）根据地方的审美习惯与使用习惯设计景观建构筑物、小品。

（5）保护和利用景区内现有的古代人文景观和现代人文景观。

（6）既尊重和利用地方特色，又补充和添加新的、体现现代科技文化的景观。

3. 生态可持续原则

水利水电工程区的风景资源利用其开发旅游，就变为旅游资源，不用则是风景资源。不管哪种资源，他们的共性是可破坏性和消耗性。

工程建设和旅游开发过程中，会影响与消耗当地土地、水流、森林等资源；会破坏某些动物、植物、微生物的栖息地，严重者可导致某些物种灭绝。因此水利水电工程景观设计要坚持在可持续发展前提下，顺应自然规律，保护生态环境，使旅游资源的开发与生态环境相适应、相协调，减少对当地土地、水流、森林和其他资源的影响与消耗。这具体表现在以下几方面：

（1）合理利用景区的土壤、植被和其他自然资源。

（2）充分利用可再生能源阳光，利用自然通风和降水。

（3）注重材料的重复利用和循环使用，减少能源的消耗。

（4）注重生态系统的保护和生物多样性的保护与建立。

（5）充分利用自然景观元素，减少人工痕迹。

4. 独特性原则

世界旅游组织把独特性作为景区开发的第一要素，对水利旅游景点个性的认识和把握要准确，水利景区景点要有唯一性，要具有特色。景区旅游定位应建立在深入调研、考察提炼基础之上，独特性来自对景点内涵的深刻挖掘、比较和揭示。要注重开发新的旅游项目，并且不断地注入新的文化内涵和科技含量，这样才能吸引游客。

水利旅游景观的设计，应该寓教于乐，使游人在享受现代水利所提供的优美环境景观、情操得到陶冶的同时，能够进一步了解水文化、认识水利、热爱水利、宣传水利，使水利旅游景点、景区对增强全民族的水资源保护和节约利用意识起示范作用，成为展示现代水利风貌的窗口。

要正确分析、评价与发掘水利资源的美学观赏价值，特别是要分析某些物体形象或意境的象征性，以达到借景抒怀、陶冶情操、浮想联翩的更高目的。

（二）水利水电工程景观总体规划对策

景观总体规划包括景观立意、景观形态、景观布局、景观设计构思、景观设计定位和道路交通组织。景观立意影响和决定着景观形态与景观布局。水利水电工程景观总体规划受政治、经济、文化的综合作用影响。

1. 水利水电工程景观立意

景观立意是景观欣赏主体对景观对象的综合评价。景观立意是为景观欣赏主体服务，充分考虑景观欣赏主体的物质需求、文化需求和精神需求。景观对象是景观立意的实体表现形式，蕴含着景观立意的内涵，体现了景观立意的思想。

2. 水利水电工程观形态

景观形态是单体景观对象分布排列所形成的整体布局的外在表现形式。通常有自然型、几何型和混合型。

（1）自然型

自然型来源于自然山水园林和风景式园林。

自然型园林讲究“相地合宜，构园得体”，实质就是把自然景观元素和人工造园艺术巧妙地结合，达到“虽由人作，宛自天开”的效果。景观构图体现了自然界的峰、谷、崖、岭、峡、坞、洞、穴等地貌景观；岸线曲折的水体自然轮廓和自然山石驳岸。广场、道路布局避免对称；建筑遵守“因势、随形、相嵌、得体”的原则，如沙洲、湖滨处宜取横势，岛屿、峰峦处可作竖式；植物避免成行成排栽植，树木不修剪，配植以孤植、从梢、群植、密林为主要形式。

地域不同，自然型园林的形态有一定差别，但共同点是模拟自然，寄情山水之间。

山区型水利水电工程的景观设计便可采用此种景观形态。因山、水、地形地貌是其主要骨架。设计过程中可充分体现“巧于因借”“精在体宜”，“自成天然之趣，不烦人事之工”等经典设计思想。

（2）几何型

几何型又称规则式、整形式。传统的西方园林以几何型园林为主调。这类园林强调轴线的统率作用，轴线结构明确，景观庄重、严谨。平面布局先确定景观主轴线及次轴线，再用道路划分成方格网状、环状、放射状等，最后把广场、建筑、水体、绿化等景观元素大多对称的填到轴线及道路划分的块体中，完成总平面布局。这种布局的特点是水池、瀑布、喷泉、壁泉等外形轮廓均为几何型；绿篱、绿墙、丛林、花坛、花带等划分的空间也成几何型；而树木配植以等距离行列式、对称式为主；树木修剪整形多模拟建筑形体、动物造型或单纯的几何形体。

（3）混合型

混合型指自然型、几何型交错组合。整个景区没有或形不成控制全园的主轴线和副轴线，只有局部景区、建筑以中轴线对称布局；或全园没有明显的自然山水骨架，形不成自然格局。一般情况下，多结合现状地形进行布局，在原地形平坦处，根据总体规划的需要安排几何型布局，在原地形条件较复杂，具有起伏不平的丘陵、山谷、洼地等地段，结合地形规划为自然型。混合型的景观布局现在采用较多。

3. 水利水电工程景观布局

景观布局简单说就是把景观节点沿景观轴合理布置形成景观区。景观布局包括景观序列和功能分区。

（1）景观序列

贾建中先生对国内城市公园的景观进行分析指出：城市公园景点、景区在游览线上逐次展开过程中，通常分为起景、高潮、结景三段式进行处理；也可将高潮和结景合为一体，到高潮即为风景景观的结束，成为两段式的处理。

将三段式、两段式展开，可以用下面的概念顺序表示。

三段式：①序景—起景—发展—转折—②高潮—③转折—收缩—结景—尾景。

二段式：①序景—起景—转折—②高潮（结尾）—尾景。

水利水电工程景观的主体是水体，也就是景观的高潮部分，同时是各景观轴的交点。若水体边界狭长，则可采用三段式，景观轴成带状；若水体边界接近圆或椭圆，则可采用二段式，景观轴呈环状或放射状。

（2）景观分区

景观分区方式主要有景观特色分区、功能分区、动静分区、主次分区等。

水利水电工程景观常见的功能分区有：大坝观光区、水库运动区、水库度假区、水库沿岸休息区、民族风情园等。

景观分区的思想是功能主义的产物，景观分区一方面有利于形成各景区的特色，但同时也会产生为了追求分区的清楚却牺牲了景观有机构成的现象。

4. 景观设计的构思

景观设计构思是指确定景观节点、景观轴线及景观区。

景观节点是景观特征的个体，是单一的或者同主题下的系列景观。一般来讲，景观节点包括视觉控制点、景点以及视线的交汇和转折点。视觉控制点有突出的高度或者开阔的视野，在一定区域内是视觉的焦点，可以是自然景点或人工构筑。景点一般位于主要道路口、道路转折交叉口或临水岸线突出区域等重要位置，具有可识别性，造型和品质要能反映临水景观的特性和区位特征。而视线的交汇和转折点一般位于重要的道路交叉口或转折处，既是视线的交点又是方位的转换点。

景观轴是人们欣赏水景观的主要视觉走廊和观景运动线，不同的视觉走廊因所穿越的区域不同，性质与特点也有所不同。有的以观赏临水岸地的建筑景观为主，有的则以观赏临水岸地人文景观或自然景观为主，或两者兼有。景观轴的设计须注意良好的视野范围，形成良好的观赏节奏，避免视线被突兀地打断。景观轴线一般沿着通路设置，或是由绿色景观通道形成。同时景观轴不仅限于方向上的指引与传导，还要具有场所效应，能引人停驻或者导入轴线两侧区域，进一步将人流与视线导向大自然的焦点。

水边的空间形态既适合仰观、平视，也适于俯瞰，不同的观赏角度会具有不同的趣味和心理感受。苏轼《凌虚台记》的“使工凿其前为方池，以其土筑台，高出于屋檐之而止。然后人之至于其上者，恍然不知台高，而以为山之踊跃奋迅而出也”。描绘的正是换一个角度看周围，尤其是以人们日常不能够经常观察到的角度来观赏周围的奇妙感觉。例如在水库水体中设置小岛，使人感受不同的空间效果。

景观区指的是不同特征或不同主题的各种景观在同一视线域中形成的景观群落。一般按照景观类型、空间性质或活动功能来界定空间领域，各景观区应保持各自特色，包括界限的明确性、活动类型及设施的特性等，人们通过对领域内景观要素的观赏、联想与反馈，从而对区域产生一致性的认识。

5. 景观设计定位

景观设计定位就是确定景观设计的方向，是科学考察类、探险类、观光类、度假休闲类、生态旅游类、运动旅游类还是综合旅游类。设计定位不同，景观设计的内容和方法不同。

（1）科学考察类：有些水库有丰富的人文历史或宏伟的人工景观，是弘扬文化、传播水利知识的好地方，因此适合开发科普旅游。像都江堰水利水电工程，有多项之最的三峡工程，云台山地质公园是地质考察人员必去的地方，而其地质博物馆是全国青少年科技教育基地。

（2）探险旅游：特殊的地形地貌、特殊的水生动植物、异常现象等造就了水库内外多样的探险旅游资源。在这些水库开发此类型旅游模式可以吸引探险者和科学考察者。

（3）观光旅游：有些水库有较高的观赏价值，但水体有特殊的饮用等功能或水环境较脆弱，只适合开展观光旅游。

（4）度假休闲旅游：水质优良、气候条件适和或附近拥有特殊的有益物质，如温泉、冷泉、药泉或对于某种疾病有特殊疗效，常常被用于开展度假旅游和各类疗养项目。

（5）生态旅游类：一种欣赏、探索和认知大自然的高层次旅游活动。它倡导人与大自然的和谐统一，注重在旅游活动中人与自然的情感交流，使游者在名山、丛林、海滨和草原里领略大自然的野趣，认识大自然的规律和变迁，感受大自然对人类的恩赐，真正体会人与大自然的不可分割，从而使人们学会热爱自然、尊重自然及提高保护自然的意识和责任感。

（6）运动旅游类：水面开阔、深度适合，水体自净能力强时，能够开展各种体育运动，这类水库的旅游功能主要就是吸引水上运功的爱好者。这些水库可以为水上友谊赛事，大型水上、冰上体育活动提供场所。

（7）综合旅游类：此种开发集观光、休闲、度假、运动、疗养等功能为一体。该类开发模式一般要求水库水体面积较大、自净能力较强。这些景区多设置划船、垂钓、游乐场等项目满足游客的观光、休闲等需要；建设度假中心，开发出游艇、游泳、垂钓、滑翔、滑水、潜水、摩托艇等水面、空中、水底立体交叉的水上运动项；在地形适宜的库岸建造高尔夫球场、网球场等游乐设施，以满足不同消费层次旅游者的需要。

6. 道路交通组织

道路线型分为直线和曲线，多条直线和曲线构成道路网。道路网是为适应景区内景点布置要求，满足交通和游人游览以及其他需要而形成的。景点是珍珠，道路是串珍珠的线，不同的道路路线串出风格各异的珍珠串件。所以景点固然重要，优秀的道路路线布置更重要。

道路沿线优美的自然风光和人工景观，能提高游览过程中的趣味性，避免单调。道路交通组织就是将所有的景观要素沿道路网巧妙和谐地组织起来的一种艺术。

目前常见的道路布置主要包括以下四种：

（1）方格网式道路网。方格网式道路网又称棋盘式，是比较常见的一种道路网类型，它一般适用于地形比较平坦的景区，即平原型水利风景区。用方格网道路划分的区域一般形状整齐，有利于建筑和景观的布置，由于平行方向有多条道路，交通分散，灵活性大，但对角线方向的交通联系不便。有的景区在方格网基础上增加若干条放射干线，以利于对角线方向的交通，但因此又将形成三角形区域和复杂的多路交叉口，既不利于建筑景观布置，又限制了交叉口的交通量。

（2）环形道路网。这种道路网形式的特点是由几个近似同心的环行组成路网主干线，并且环与环之间有通向外围的干道相连接，干道有利于景区中心同外围景点及外部景点相互之间的联系，在功能上有一定的优势，可以组织不重复的游览路线和交通引导。但是，放射性的干道容易把外围的交通吸引到中心地区，造成中心地区交通拥挤，而且建筑景观也不容易规则布置，交通灵活性不如方格网式。

（3）自由式道路网。通常是由于地形起伏变化较大，道路结合自然地形呈不规则布置而形成的。这种类型的路网没有一定的格式，往往根据风景区的景点布置而设置，变化多，非直线系数较大，许多景区都采用这种道路网规划形式。如果综合考虑风景区用地的布局、景点的布置、路线走向以及人为景观等因素合理规划，不但能够克服地形起伏带来的影响，而且可以丰富景观内容，增强景观效果。山区型水库常常采用此种路网布置。

（4）混合式道路网。由于景区景点位置的限制，往往在一个景区内部存在着上述几种道路网形式，组合成为混合式的道路网络。一些景区在总结了几种路网形式的优点后，有意识地进行规划，形成新型的混合式的道路系统，混合道路网的特点是不受其他道路网模式的限制，可以根据景区内部的具体情况综合考虑。

云台山国家水利风景名胜区的道路网就为混合式。其中子房湖景点、潭瀑峡景点、红石峡景点和泉瀑峡景点的道路为环形道路网，茱萸峰、万善寺、猕猴谷为自由式道路网。

（三）水利水电工程景观详细设计对策

1. 水储景观的设计

水利水电工程的主要景观就是水景。不管是发电、灌溉、供水、航运还是旅游，只要拦河筑坝就会形成大面积的水体。除此之外，下游生态用水，溢洪道或溢流堰排水，明渠水体、前池等，所有水体都可用不同方式处理，使其产生更美的景观。

水利水电工程通常用拦水坝拦蓄江、河、湖泊、溪流等形成大面积水体，由于枢纽工程的截流作用，库区的水流速度变缓，形成相对静止的水体。水利水电工程的溢洪洞用于平时溢流，泄洪洞用于汛期泄洪，因此可形成类似瀑布的动水水景。

水是景观元素的重要组成部分。人类除了维持生命需要水之外，在情感上也喜欢亲水。这是因为水具有五光十色的光影、悦耳的声响和众多的娱乐内容。水带给人的感官享受是其他景观元素无法替代的。

利用库区开阔水面开辟具有观赏性、刺激性、既可娱乐又能健身的水上运动，如龙舟、水上摩托、划船等人们乐于参与的群众性游乐活动。

利用溢洪道、泄洪道设计人工瀑布、跌水、水上娱乐项目（如划船、漂流、赛艇等）。

（1）静水景观的设计

倒影的组织。水库的水体通常是大面积静水。静态的水，它宁静、祥和、明朗，表面平静，能客观地、形象地反映出周围物象的倒影，增加空间的层次感，给人以丰富的想象力。在色彩上，静水能映射出周围环境的四季景象，表现出时空的变化；在光线的照射下，静水可产生倒影、逆光、反射、海市蜃楼。这一切都能使水面变得波光晶莹，色彩缤纷。

水体岸边的植物、建筑、桥梁、山体等在水中形成的倒影，丰富了静水水面。因此有意识的设计、合理的组织水体岸边各景观元素，使其形成各具特色的倒影景观。

利用植物装点。水库水体与岸边交界处常常会形成浅水湾或死水湾，此处经常是蚊虫肆虐的地方，也是游人容易到达的地方。在此处种植水生植物可净化水体、丰富水面效果、形成生态斑块、增加经济收入（如种植荷花）。适宜的水生植物有芦苇、香蒲、荷花、莎草等，种植成片，既可增加水面的绿色层次，又有平户照长蒲、荷花映日红的自然野趣。或者再在其旁建造亭、阁、水榭等，可观花赏月。另外岸边植柳，树木倒映水中，水面上下两层天，有利于水上划船乘凉。

放养水生动物。在水库中放养适量水生动物，如鱼、螺蛳、蚌等，可净化水质，增添情趣，增加经济收入。

一望无际，烟波浩渺是静态的美；碧波荡漾、银鱼翻腾，水鸟嬉戏、小船飘摇是生机勃勃的美；芦苇随风摇荡、荷花阵阵飘香是一种生态美。

很多大中型水库都放养有鱼，如安徽梅山水库、河南结鱼山水库等，在下台网捕鱼季节，网中千万条鱼头蹿动、翻腾跳跃、鳞光闪耀，令人惊叹不已。当红日欲落、微风拂面，在平静的水库岸边垂钓，也别有情趣。

增添人工景观设施。水库内不适宜游泳，多以游船为主。这就应充分利用蓄水形成的全岛和半岛，在岛上点缀一些亭子之类的建筑小品，在一片绿荫中突现出来，吸引人的视线，刺激人的兴奋点。也可考虑结合游船码头，给人们提供一个观景、小憩之处，也便于开辟垂钓项目。有的平原水库水面开阔，莽莽苍苍，一望无边，观感单调，不易引起游人的兴趣。

为此可用洲岛、浮桥、引桥、观景长廊、亭榭等点缀或分割宽阔而单调的水面，增加景观点。

（2）动水景观的设计

动态水，指流动的水，包括河流、溪流、喷泉、瀑布等。与静水相比，具有活力，而令人兴奋、欢快和激动。如小溪中的潺潺流水、喷泉散溅的水花、瀑布的轰鸣等，都会不同程度地影响人的情绪。

动水分为流水、落水、喷水景观等几种类型。

①流水景观

水利水电工程中的下游河道生态用水、供水设施的明渠、发电用水的明渠，泄水设施的开敞式进水口、尾水渠等都会形成或平缓，或激荡的流水景观。在景观规划和设计中合理布局，精心设计，均可形成动人的流水景观。作为景观的引水渠可用混凝土衬砌，也可沿山刻石，除非必须裁弯取直，一般建议沿着自然地形形成弯弯曲曲的流水渠。

②落水景观

落水景观主要有瀑布和跌水两大类。瀑布是河床陡坎造成的，水从陡坎处滚落下跌，形成瀑布恢宏的景观。

云台山景区有众多瀑布，按所处位置可分为崖瀑和沟瀑两大类型。崖瀑是从悬崖峭壁上由直流而下的水流形成的，沟瀑则是在沟底的坎坷上由顺流而下的水流形成的。

在崖瀑类型中，既有从峰顶直下的天瀑，也有从山腰直下的飞瀑，还有从悬崖间落下的帷幕瀑、珠帘瀑、雨丝瀑、串珠瀑等。最为壮观的飞天瀑有两处：一处是老潭沟上源的天瀑，号称“华夏第一高瀑”，一级落差竟有 314m，是名副其实的百丈高瀑。一遇大雨，它便会从峰顶一落千尺，以恰似银河落九天的磅礴气势凌空而下。另一处位于温盘峪与子房湖（人工水库）的结合部，取名叫首龙瀑，瀑布的水是从溢洪道右边的放水洞中流出来的，一级落差 30 多米，因有湖水为源所以水量充沛，经年不息。这一水景设计，不但造就了坝侧汹涌澎湃的飞瀑，还为下游红石峡中的各级瀑布提供了水源，又相得益彰地造就了黄龙瀑等一系列蔚为壮观的水景。这里虽是人工瀑布，但能让水势与山势巧妙结合，在瀑下根本看不出有人工雕琢的痕迹。真是匠心独运，巧夺天工！

在沟瀑类型中，既有单级瀑也有多级瀑。有的从石洞中流出，有的从岩孔中喷涌，有的从滚坝上漫流，有的从小桥下泄下。瀑面上更是千变万化，构成了千姿百态的图画。有的还形成了简单的文字，如“人”字瀑、“丫”字瀑、“用”字瀑等。最为壮观的沟瀑要数一线天下的黄龙瀑，水量大、落差高、势头猛，既有千峰堆雪之貌，又有翻江倒海之势；再加上峡谷的共鸣，其声如雷，震耳欲聋。

云台山处在易旱少雨的黄河以北，景区内却有众多的瀑布，令人称奇。探其原因一方面是景区的特殊地理位置，从龙凤壁到白龙潭落差一级级降低，有形成落水景观的天然优势，另一方面是景区规划设计的好。设计者充分利用天然落差，形成多极水潭，在水潭的下游经过人工处理，形成瀑布，瀑布的水又流入下一级水潭，如此重复。容量不同的各级水潭，形成形态各异、大小有别的瀑布。不同的瀑布和水潭带给游人不同的惊喜。这是水利风景名胜区水体景观设计的典型实例。

跌水景观是指有台阶落差结构的落水景观。水库泄水消能的方式主要有挑流消能、底流消能、跌坎面流消能、自由跌落消能、水股空中碰撞消能、台阶消能等。其中挑流消能、自由跌落消能、水股空中碰掩消能可形成瀑布景观和水漩涡景观，跌坎面流消能、台阶消能、底流消能等可形成跌水景观。

为此，我们可以把泄水消能和动水水景结合起来设计，为库区提供变化多样的动水水景。

大型水库的河床式溢洪道一般高度高，宽度大，其泄水时的景象非常壮观。黄壁庄水库的非常溢洪道由 12 个闸门组成，每个闸门有十来米宽，再加上闸与闸之间的闸墩，共有 200 多米宽，泄洪口距落水面有三四十米高，当全面泄水时真是“惊涛拍岸，卷起千堆雪”。三峡溢流坝段总长 483m，布置有 23 个深孔和 22 个表孤以适应库水位变幅大的特点，并满足在较低库水位时有较大泄洪能力，以及放空水库和排沙要求。三峡库区蓄水达到 135 米高度之后，三峡大坝上下游形成了 68m 的水位落差，当溢流坝段泄洪时，水流从几十米的高处抛射而下，只见雾气迷漫，水股上下翻滚，轰鸣之声不绝于耳，其磅礴之势令人叹为观止。

③喷水景观

喷水是城市环境景观中运用最为广泛的人为景观，它有利于城市环境景观的水景造型。人工建造的具有装饰性的喷水装置，可以湿润周围空气，减少尘埃，降低气温。喷水的细小水珠同空气分子撞击，能产生大量的负氧离子，改善城市面貌，提高环境景观质量。

水电站的生活区、水利风景区的游客中心、休息广场、停车场等游人集中的地方常常设计各种形态的喷水景观，增加景观元素，活跃气氛。

2. 水工建筑物景观的设计

水工建筑物按其使用情况可分为永久性及临时性建筑物。永久性建筑物是在工程运行中长期使用的，临时性建筑物仅在施工期间使用或者为了维护目的设置的建筑物（如围堰、临时围护墙或围堤、施工导流水道和泄水道、不用于永久工程的导流隧洞等建筑物）。

永久性水工建筑物包括大坝、堤、泄水建筑物、取水建筑物、引水渠、干渠、灌溉渠、运河、隧洞、管道、压力池及调压井、厂房、闸房等。下面把永久性水工建筑物分为大坝、建筑物（包括泄水建筑物、取水建筑物、厂房、闸房）分别介绍。

随着经济的发展和人们生活质量的提高，人们更注重建设工程的环境质量。现代水利水电工程建设，在注重功能导向的同时，还应重视工程的景观设计，重视工程人文、艺术及自然环境景观之间的调和关系。

水工建筑物是水库的基础。在设计阶段，除考虑建筑物的功能、安全和经济外，还应注意美观。这在以往的设计中也有所体现，比如一般枢纽布置就要求布局紧凑、均衡和对称。

（1）大坝景观

大坝景观，包括拦水坝（含溢洪道）、溢流坝顶附近的建筑物、溢洪槽、溢洪道的消能段、进水口、出水口、栏杆、照明设备、阶梯、开挖边坡、控制室、观望台等，是众多景观元素的集合体。各景观元素既独立，又互相作用、互相影响，形成复杂的景观体系。设计的原则首先是适用、安全、经济，其次是艺术、美观、协调。

影响大坝景观的因素很多，包括大坝周围自然环境（如地质、地貌、植被、水文、气象）和人文环境（民族文化、历史沿革、社会风情等），同时还有经济因素和政治因素。本处忽略后两者的影响，仅从自然环境和人文环境出发分析研究大坝景观的设计方法。

①整体和谐。大坝是整个坝体景观的一部分，它的形体、材料、颜色、质感等的选择既影响周围其他景观元素，也受其他景观元素的制约。景观设计不是把各单体设计成景观精品，然后汇聚在一起，而要从整体出发，有主有次，互相协调，使之和睦共处，大放光彩。石头河水库坝体外形简单，在两岸层叠起伏、葱翠妖娇的山体衬托下，也格外清秀。

重点突出。对拦水大坝和溢洪道合二为一的坝体，其顶部必有闸门启闭机，它们相对坝体体量小，位置突出，不是大坝景观的主体，但很影响整体景观效果。这部分的处理通常有两种办法：一是弱化附属设备，强调大坝的整体性，附属设备相对于坝体不能太显眼，能隐藏的隐藏，不能隐藏的尽量简单化，减少附属设备的视觉吸引，重点突出大坝。二是两者都考虑，以大坝为主，附属设备为辅，通过对附属设备的外形设计或颜色区分，使附属设备锦上添花或画龙点睛。坝顶防浪墙及各种栏杆具有很好的装饰和陪衬作用，图案以简洁、大方为宜，色彩不宜过浓过艳，避免喧宾夺主，应和建筑物的色彩相协调。

合理选择坝型。大坝坝址周边地势相对平坦，大坝坝高和其两边高度相差无几，且大坝较长，下游眼界开阔，此种情况下大坝是主要景观点，因此大坝外形轮廓是景观设计的重点。拱坝以及由重力坝发展的大头坝、平板坝和连拱坝外形优美，又节省材料，逐渐受到重视。已建的有加拿大丹尼尔约翰逊连拱坝（坝高 215m）、巴西伊普泰大头坝（坝高 196m）、中国湖南拓溪水电站大头坝（坝高 82m）、中国佛子岭连拱坝（坝高 74.4m）、中国梅山水库连拱坝（坝高 88m）。

梅山连拱坝整体规型漂亮，但启闭机闸房外形简单，体量小，且高过坝顶，不慎美观，但拱坝整体造型美观，掩盖了闸房带来的影响。明台水电站从大坝造型到附属设施的布置都堪称佳品。

大坝坝长较短，坝高相对两边山体较矮，且下游陪衬的山体高大，外形清晰，此种情况下，常常选择土石坝和重力坝。其横断面常为梯形，梯形的两个斜边或为直线或为锯齿形，外形相对简单。为此削弱了人工大坝的视觉干扰，使大坝能很好地融入到周围景观环境中。

土石坝的坝型简单，观赏性差，但通过护坡的精心设计可打破单调，增添美感。桃渠坡水库大坝和某水库大坝就是一个成功的范例。它们的下游坝坡采用草皮护坡，现已和周围山体融为一体，不仔细看，不容易认出来。“虽由人作，宛自天开。”是我们进行土石坝景观设计的最高追求。

②合理选择观景点位置。在景观学里，把眺望风景时所处的位置称为视点，而把人在眺望风景时看见的主要景物称为对象。对大坝来说，视点分为坝的上游源头、水库两侧和坝的下游两侧等，对象是坝的本身及其附属设备。最理想的位置是不管从哪个角度看，大坝的景观都富有魅力。但因受地形和道路等条件的限制，有时很难选到这样一个位置，这时就应修筑眺望大坝的观望台。观望台选址既要考虑同坝的平面位置关系，还要考虑观望角度，既仰角还是俯角。仰角看的是大坝雄伟的外观，俯角看的是大坝平面、水库水体、周围山体等。

景观设计时，需要同时考虑视点和对象。视点设计是确定视点的位置和视点场的修建，对象设计是确定对象的大小、形状、材料、色彩等。

（2）建筑景观

水工建筑物包括引水道和厂房。引水道中的明渠、引水管道，厂房部分的主厂房、副厂房、开关站和升压站等是水电工程景观设计的重点。

现代水利水电工程建筑设计首先应突出人与自然和谐相处的原则，适当加入当地人文艺术及自然环境景观。每个地区不同的地方特色、历史沉淀、经济状况和文化背景，造就了不同的生活习俗与地方特色，这对一个地区来说是宝贵的财富。因此，景观设计应该把现代科学技术与地方文化特色完美地结合起来，而不是单纯模仿、豪华装修。其次，应突出以人为本的设计思想。水利水电建筑依水而建，自然环境优越，在工程规划阶段，就要充分考虑人的需求，重视周边环境和建筑对人的行为活动和心理产生的影响；重视建筑布局和建筑美化，尊重自然，保护环境，立足现实，积极发展，争取建一个工程，添一处美景。

在实际设计中，设计师应优化水利建筑的单体结构，合理布置结构体系，发挥主要专业的龙头作用；尽可能降低工程造价，节约工程经费；加强与相关专业的沟通合作，注重新技术、新工艺、新设备、新材料的应用，创造富有专业特色和文化内涵的水利水电建筑新形象。

①优化水利建筑单体，合理布置结构体系。水工建筑有其固有的特点，其结构布局需按水工建筑设计规范、满足配套设备安装的要求。在与建筑专业配合上，需要多方面、多回合的商讨，才能相互协调。水工结构与建筑艺术的配合过程，是一种磨合和相互适应、相互促进、相互提高的过程。例如，进出水闸门的启闭机、钢闸门、缆绳等暴露在外，感觉凌乱，但盖个房子，统统遮起来，就美观的多。如果闸房设计得再漂亮些，就更锦上添花了。启闭机门机相对大坝来说体型小，但高度高，位置显耀，容易吸引视线，而它本身又不是很养眼，所以影响整体美观。设计方法之一就是和大坝结合，把它隐藏在大坝结构中，从外观上看不到。建筑设计与水工结构巧妙结合，可达到降低成本、优化设计、美化环境的多重目的。

②精心布置和设计附属设施。各种各样的启闭机房及电站厂房有如风景园林中的小品，是造景的上佳素材。重力坝的机房一般集中在坝顶，其外形（尤其是采用中式古典建筑风格时）应切忌繁杂，应尽量利用机房门高矮不一、胖瘦不同的特点，使现顶建筑显得错落有致，富于节奏感又不失均衡感。石南的渔洞水库在这方面进行了尝试。坝顶所有机房的顶部统一设计为斜向三角形的空间框架，寓意为船帆。利用正中最高的底孔机房为对称点，向两边起坡，主题为“渔洞帆影”。坝后的电站厂房由于受其功能限制，外形不可能有过多变化，但可利用众多的窗户和梁柱对其较平板的外貌加以分割和装饰，从而一改较呆板的感觉而变得充满生气和悦目感。另外，在线条和色彩上还应与其他建筑相呼应。

土石坝的机房较为分散，可利用的余地就更大。一般泄洪隧洞和取水口机房均伸入库内，如配以美观的引桥设计，便具有水榭和湖心亭的韵味，极具观赏性。土石坝顶部因没有过多的建筑物，更可给设计者施展想象力。十三陵水库坝顶就修建了颇具中国民族特色的长廊接至机房，既使机房不显孤立，又给游人提供了一个遮阴避阳的休憩、赏景之所。

溢洪道及其闸房、引水建筑物，泄水建筑物，启闭机闸房等附属设施是整体景观的一部分。虽然其块体不大，但位置显要，在布置附属设施时，首先要充分考虑每个单体的功能，场地条件，结构形式，然后确定与坝体的平面位置。其次，精心设计附属设施，好的设计能使附属设施达到意想不到的效果。

土耳其引水渡槽通过村庄道路时，设计成两层，通过加宽立柱，形成弧形洞口，其整体外观就像建筑雕塑。石头河引水渡槽槽架改变了单调的双排架，设计成支蹲加拱券形式。

槽身横断面为“U”形，中间过水，两边为人行道，一物两用，节省造价。施工完的渡槽穿越宽阔平坦的耕地，减少了占地面积，其优美的大跨度拱券高高架起，从东至西，形成彩虹韵律。

③重视色彩设计。建筑艺术离不开色彩，色彩的变化能刺激人的感官，并留下深刻印象。以往的水工建筑物常常忽略色彩的设计，拦水大坝、溢洪道、明渠、各种闸房等经常都是水泥色。为了改变水工建筑物单调沉闷的感觉，根据各单体建筑的功能和所处位置合理使用色彩，丰富建筑景观。

④注重建筑夜景设计。处于景观轴线上的重要景点或视觉控制点枢纽，应采用突出建筑夜景的整体效果，对夜景进行专门性设计，做到不同时间段、季节、节假日富有变化的建筑夜景。

3. 绿化景观的设计

水利水电工程从“三通一平”到大坝、厂房、溢洪洞、泄洪洞、导流洞等水利枢纽的地基处理、施工；建筑材料的开采、运输、堆放和弃渣的堆放等，施工过程中常常伴随着地形的改变、植被的破坏。大量的边坡、临时施工道路、临时场地等需要恢复植被，保持水土。另外，生活区、游憩区、广场等也需要绿化，既改善环境，又丰富景观。水利水电工程形成的边坡点多面积大，是绿化景观的重点和难点，因此下面仅对边坡绿化做详细介绍。

（1）边坡的定义

水利水电工程因施工需要常常会形成各种边坡。

永久道路和临时施工道路的修建（填沟渠、挖山坡），建筑场地的平整，建筑用土石料的开挖，施工弃渣（打隧洞），堤坝、渠道的修建，山体滑坡的治理等活动所形成的具有一定坡度的斜坡、堤坝、坡岸、坡地和自然力量（如侵蚀、滑坡、泥石流等）形成的山坡、岸坡、斜坡统称为边坡。边坡分土质边坡和岩石边坡。

边坡的特征是：有一定坡度、自然植被遭到不同程度的人为或地质灾害破坏、易发生严重的水土流失、易失稳（发生滑坡泥石流等灾害）。

（2）边坡绿化的目的

随着国家对水电建设的加大投入和对生态环境保护的重视，作为岩、土体开挖创面的植被恢复技术已被工程界逐步认同和接受，而坡地的植被恢复区别于平地植被恢复，坡地植被生长环境相对恶劣，若不及时恢复植被，极易产生水土流失。因此，恢复坡地生态植被环境尤其重要。

近几年，我国工程技术人员经过实践、探索和创新，总结出各种类型的坡地植被恢复技术，积累了很多有价值的经验。但是纵观绿化界，一些科研部门和绿化施工单位往往只注重施工技术方面的探讨和短期绿化效益，而忽视了绿化工程的目的性。在边坡绿化工程界普遍流行的做法是大量引进外源植被草种，使施工坡面迅速达到恢复绿色的目的，而且为了维持这种绿色效果，投入大量人力物力加强养护，消耗大量水源和能源；为追求美观和外源草种的单一性，投入人力去清除侵入坡面的所谓野草。这种片面追求短期效益和美观绿化指标的行为增加了环境的负担，违背了可持续性发展的景观思想。

边坡绿化的最终目的是：稳定边坡，保持水土；恢复植被，生态平衡；绿化造景，美化环境。边坡绿化和治理同步进行，不是单纯追求美观的绿化。所以，科学的绿化标准是指本地植被的恢复，就是让那些本来就生长在这里的植物在光秃了的土地上重新生长起来，并且根植于土壤中继续繁衍生长。片面维护外来草源的生长空间是本末倒置的做法。

（3）边坡绿化的原则

先保基质后绿化美化；乔、灌优先；乔、灌、草、藤相结合；坚持生物多样性、近自然性和可持续性。

因地制宜地选择多种适合当地环境的短、中、长期生长的植物（包括乡土植物），以植物配置的近自然性达到可持续性。在绿化的同时采用植物景观的设计方法，结合边坡形状、周围环境及具体要求设计绿化。

（4）边坡的几种治理方法

①传统治理：为了稳定各种工程边坡和各种地质灾害所形成的边坡，传统方法用石料或混凝土砌筑挡土墙和护面，或采用喷锚支护。这样做克服了边坡带来的严重水土流失和滑坡、泥石流等灾害，但也带来了严重的环境问题，如视觉污染、生态失衡等。

②生物治理：利用生物（主要是植物），单独或与其他构筑物配合对边坡进行防护和绿化。边坡生物治理是跨越多个学科的边缘领域，它需要土木工程学、工程力学、农学、林学、生态学、恢复生态学等多个学科知识。特别是水土保持工程学、恢复生态学相关学科的发展，直接影响人们对边坡治理的认识。近30年来，随着这两个学科的发展和人们对于植物对边坡的影响的深入了解，越来越意识到在进行边坡防护的同时，对边坡原有植被进行恢复的必要性和可行性。近年来发展出种类繁多的边坡防护绿化方法。

③水土保持：水土保持（也可以说土壤保持，因为保持了土壤就保持了水分）工程学的深入研究所得到的成果表明了植被在防止边坡水土流失方面的关键作用。土壤流失

考虑了影响土壤流失的所有因素：降雨、土壤的可侵蚀性、边坡长度、边坡的坡度、植被覆盖、土壤保持工程。大量的实验和实践证明：植被覆盖率是影响土壤流失最为关键的因素。良好的植被覆盖可比自然裸地减少土壤流失 1000 倍。其他因素如降雨、土壤的可侵蚀性对土壤流失的影响只有一个数量级，而边坡因素可以很容易采取工程手段（如坡改梯）减少到可以忽略的地步。植物对边坡的加固作用主要是通过根来起作用的。另外，植物躯干、根对边坡土壤的锚固和抗滑作用，植物对土壤水分的蒸发蒸腾作用减小了土壤孔障水压力而利于边坡的稳定。植物的存在能加固边坡，而边坡植物的破坏则会引起边坡失稳。根的存在会增加土体强度，那么根的腐烂就会降低土体的强度。最利于固土的须根先烂，然后是大一些的根腐烂。伴随树根的腐烂，土体强度降低到一个最小值，直到新的树根长出，土体强度恢复增长。

边坡自然植被遭到了不同程度的人为或地质灾害破坏，无论采取什么手段对其治理，最好的结果是恢复边坡原有生态系统。这就需要突破传统的"栽树 = 绿化"的观念，需从生态学的角度看待边坡治理，即利用恢复生态学的基本理论指导边坡治理。有恢复生态学的理论指导，边坡防护和绿化的实践必将带来新飞跃。

纵观边坡治理的历史发展过程，可以发现一条发展轨迹：从只注重边坡防护，排除植物，修筑与植物不兼容的防护构筑物；到利用植物，与防护构筑物配合，既绿化边坡，又防护边坡；到采取工程手段护坡的同时，最终恢复原有生态系统。可以说，边坡防护绿化技术是随着人们的环保意识的增强，恢复生态学的发展而进步的。

（5）边坡绿化景观的设计

①绿化方法

有了上述理论基础，人们在边坡治理的实践中，开始重视利用植物的固坡作用。同时，农学、林学、园艺学、生态学知识在边坡生物防护工程中得到广泛应用。扦插技术、修剪技术、土壤改良技术、栽种技术、景观设计、坡改梯技术、施肥技术、保水保湿技术都已用在了边坡工程。近 30 年时间内人们创造出了各种各样的防护绿化方法和技术。边坡绿化不仅能防止裸露土、岩边坡水土流失的继续发展、丰富当地的物种资源，而且改善当地气候，涵养水源，是生态快速恢复的重要举措。

边坡绿化的方法多种多样，目前岩、土坡常用的绿化方法有：

按固定植生条件的方法不同，可分为客土植生带绿化法、纤维绿化法、框格客土绿化法。按所用植物不间，可分为草本植物绿化、藤本植物绿化、草灌混合绿化、草卉混合绿化。

②土质边坡的绿化

首先查明各绿化区的功能，场地条件，气象，适生植被等环境条件，然后"对症下药"。

单独利用植物对边坡进行防护绿化，如植物篱笆、植树、栽草皮等。

和护坡建筑物或土工材料配合对边坡进行防护和绿化，如绿化墙（包括栅墙）、框格绿化法、植生带（毯）绿化法、土工网（袋，一维或三维）绿化法、阶梯墙绿化法、带孔砖（或砌快）等。

水利水电工程大坝按材质分土石坝和混凝土坝。混凝土坝相对土石坝来说，造型多种多样、厚度簿、背水面坡度大，外观高大壮观，一般不采用绿化。

土石坝一般都是重力坝，常用当地的土料、砂料、碎石、大块石来层层夯实，筑成缓坡，体积很大，像一座小山。一座 100m 高的混凝土坝，底宽 75m 就够了，如果换成土石坝，底宽就要增宽 6~7 倍达 500m 左右，坡度相当缓，因此很多工程常常利用背水面布置上坝公路。

有上坝公路的坝坡，如果要视线通透，绿化就不能用高大乔木，可用混凝土、砖、石砌成菱形、长方形框格，框格内种植草坪；或用带孔砖（或砌块）加草皮绿化；或沿坡砌成台阶、花坛、花池，种植花卉、小灌木；也可用爬山虎、常春藤、凌霄、迎春、金银花、连翘等藤科植物营造出人在车中坐，车在画中行的景观效果。

对坡比小于 1.0 ：1.5，土层较薄的沙质或土质坡面，可采取种草绿化工程。种草绿化应先将坡面进行整治，并选用生长快的低矮耐旱型草种。种草绿化应根据不同的坡面情况，采用不同的方法。一般土质坡面采用直接播种法；密实的土质边坡上，采取坑植法；在风沙坡地，应先设沙障，固定流沙，再播种草籽。种草后 1~2 年内，进行必要的封禁和抚育措施。

对坡度 10° ~20° ，在南方坡面土层厚 15cm 以上、北方坡面土层厚 40cm 以上、立地条件较好的地方，采用造林绿化。绿化造林应采用深根性与浅根性相结合的乔灌木混交方式，同时选用适应当地条件、速生的乔木和灌木树种。在坡面的坡度、坡向和土质较复杂的地方，将造林绿化与种草绿化结合起来，实行乔、灌、草相结合的植物或藤本植物绿化。坡面采取植苗造林时，苗木宜带土栽植，并应适当密植。

③岩石边坡的绿化

岩石边坡的绿化是在土质边坡绿化的基础上发展起来的，它建立在岩石力学和喷锚结构的基础上。对岩石边坡的稳定过分重视和陡峭岩壁上土壤保持的巨大困难，使人们长期忽略岩石边坡的绿化问题。

目前，成熟的岩石绿化有泥浆喷播绿化、框架护坡绿化、框架 + 客土喷射绿化、植生袋绿化、开沟钻孔客土绿化等。

第四章　水利水电工程施工组织设计

水利工程施工大都在河流上进行，受水文、气象、地形、地质等因素的影响很大，并且水利工程施工质量不仅影响建筑物的安全和效益，更重要的是关系着下游千百万人民生命财产的安全。因此，做好施工组织设计是保证水利水电工程建设进度和施工质量的重要一环。施工组织设计是工程设计文件的重要组成部分，是编制投资估算，总概算，招、投标文件的主要依据，也是工程建设和施工管理的指导性文件。认真做好施工组织设计，对正确选定坝址、坝型、枢纽布置，优化整体设计方案，合理组织工程施工，保证工程质量，缩短建设周期，降低工程造价等各方面都有十分重要的作用。

1. 施工组织设计工作的依据

（1）可行性研究报告及审批意见、设计任务书、上级单位对工程建设的要求和批件。

（2）工程所在地区有关基本建设的法规或条例，地方政府对本工程建设的基本要求。

（3）国民经济各部门（铁路、交通、林业、灌溉、旅游、环保、城镇供水等）对本工程建设期间有关的要求及协议。

（4）当前水利水电工程建设的施工装备、管理水平和技术的特点。

（5）工程所在地区和河流的自然条件（地形、地质、水文、气象特征和当地建材情况）、施工电源、水源及水质、交通、环保、旅游、防洪、灌溉、航运、过木、供水等现状和近期发展规划。

（6）当地城镇现有修配、加工能力，生活、生产物资和劳动力供应条件，居民生活、卫生习惯等。

（7）施工导流及通航过木等水工模型试验、各种原材料试验、混凝土配合比试验、重要结构模型试验、岩土物理力学试验等成果。

（8）工程有关工艺试验或生产性试验成果。

（9）勘测、设计各专业的有关成果。

2. 施工组织设计工作内容及成果

应执行《水利水电工程初步设计编制规程》《水利水电工程施工组织设计规范》及其补充规定。工程量计算应执行《水利水电工程设计工程量计算规定》。

3. 施工组织设计文件质量要求

基本资料、计算公式和各种指标正确合理，技术措施先进，方案比较全面，分析论证充分，选定的方案具有良好的技术经济效益。

文字通顺，简明扼要，逻辑性强，结论明确且有说服力，附图完整、清晰。

第一节　施工导流设计

为保证在河流上建设的水利工程施工的顺利进行，必须进行施工导流，使工程在干地上施工。因此施工导流是水利工程施工组织设计的重要组成部分，是选定枢纽布置、永久建筑物形式、施工程序和施工总进度的重要因素。设计中应充分掌握基本资料，全面分析各种因素，优化导流方案，使工程尽早发挥效益。

施工导流贯穿工程施工全过程，施工导流设计要妥善解决从初期导流到后期导流（包括围堰挡水、坝体临时挡水、封堵导流泄水建筑物和水库蓄水）施工全过程中的挡、泄水问题。在设计过程中要对各期导流特点和相互关系进行系统分析、统筹安排、全面规划，并要运用风险度分析的方法，处理洪水与施工的矛盾，务求施工导流方案经济合理、安全可靠。

1. 施工导流标准

导流建筑物是指水利枢纽工程施工期所使用的临时性挡水和泄水建筑物。根据其保护对象、失事后果、使用年限和工程规模划分为Ⅲ、Ⅳ、Ⅴ级，具体等级参照规范确定。

导流建筑物设计洪水标准应根据建筑物的类型和级别选择，并结合风险度综合分析，使所选标准经济合理。对失事后果严重的工程，要考虑对超标准洪水的应急工程措施。

过水围堰的挡水标准应结合水文特点、施工工期、挡水时段，经技术经济比较后在重现期 3~20a 范围内选定。当水文系列较长时，也可根据实测流量资料分析选用。

截流时段应根据河流水文特征、气候条件、围堰施工以及通航、过水等因素综合分析选定。一般宜安排在汛后枯水时段，严寒地区尽量避开河道流冰及封冻期。

截流标准可采用频率法确定截流时段重现期 5~10a 的月或旬平均流量，也可用其他方法分析（如综合比较成果方法）确定截流流量。

2. 施工导流方式

施工导流方式是施工导流设计的重要内容，应全面比较拟定。施工导流方式一般有分期围堰导流，与断流围堰配合的明渠导流、隧洞导流、涵管导流、施工过程中的坝体底孔导流、缺口导流以及不同泄水建筑物组合导流等。

施工导流方式选择原则主要是从因地制宜和经济观点出发来研究确定各类导流方

式，使工程达到缩短工期、降低造价和提前受益的目的。选择原则包括以下几方面：

（1）适应河流水文特性和地形、地质条件。

（2）工程施工期短，发挥工程效益快。

（3）工程施工安全、灵活、方便。

（4）结合利用永久建筑物，减少导流工程量和投资。

（5）适应通航、过木、排冰、供水等要求。

（6）河道截流、坝体度汛、封堵、蓄水和供水等初、后期导流在施工期各个环节能合理衔接。

（7）施工导流方式不仅指前期导流而且包括后期导流，实际上，大型工程的后期导流相当复杂，稍有疏忽就会带来麻烦甚至会造成损失。

3. 围堰

围堰工程是临时性建筑物，具有使用期短，修建时间受限制，使用任务完成后往往还需拆除等特点，因此围堰结构形式力求简单，修筑及拆除方便，造价低廉。设计中应做多种比较方案，经全面论证后，因地制宜地选择堰型。围堰形式有多种，其选择原则是：安全可靠，能满足稳定、抗渗、抗冲要求；结构简单，施工方便，宜于拆除，并能充分利用当地材料及开挖渣料；堰基易于处理，堰体便于与岸坡或已有建筑物连接；在预定施工期内修筑到需要的断面及高程；具有良好的技术经济指标。

土石堰能充分利用当地材料，地基适用性强，造价低，施工简单，设计应优先选用。

混凝土围堰常用作纵向围堰和过水围堰。过水围堰的布置及断面形式应同时满足挡水和过水两种运行要求。

碾压混凝土围堰较常规混凝土围堰造价低、工期短、工艺简单，有条件应优先选用。

钢板桩格型围堰抗冲能力强，断面较窄，既可在岩基上使用，也适用于软基，钢板回收率高，可重复使用。最高挡水水头应小于30m，一般20m以下为宜。

木笼、竹笼、草木围堰适用于低水头情况，结合材料和施工队伍情况考虑。

围堰结构设计遵照有关坝体设计规范，但荷载组合只考虑正常情况。堰顶宽度应能适应施工需要和防汛抢险要求。

4. 导流泄水建筑物的设计

导流泄水建筑物主要有导流明渠、导流隧洞、导流底孔、导流涵管等多种形式。

导流明渠布置原则是：尽量减少弯道，避开滑坡、崩塌体及高边坡开挖区；便于布置进入基坑交通道路；进出口与围堰接头满足堰基防冲要求；避免泄洪时对下游沿岸及施工设施造成冲刷；并要考虑明渠后期封堵方便，避免做成“光板”式，必要时对导流泄水建筑物进行水工模型试验验证。

导流隧洞选线应根据地形、地质条件，保证隧洞施工和运行安全。相邻隧洞间净距、隧洞与永久建筑物之间间距、洞脸和洞顶岩层厚度均应满足围堰应力和变形要求。尽可能利用永久隧洞，其结合部分的洞轴线、断面形式与衬砌结构等均应同时满足永久运行与施工导流的使用技术要求。

隧洞形式和进出口高程尽可能兼顾导流、截流、通航、放木、排冰要求，使进口水流顺畅，水面衔接良好，不产生气蚀破坏。设计洞身断面形式方便施工，洞底纵坡根据施工泄流等条件选择确定。隧洞衬砌范围及形式通过技术经济比较后确定。应研究解决封堵措施及结构形式的选择。

5. 河道截流和基坑排水

河道截流一般有立堵、平堵及较特殊的定向爆破、截流闸等方式。选择截流方式应充分分析水力学参数、施工条件和难度、抛投物数量和性质，并进行技术经济比较。河道截流前，泄水道内围堰或其他障碍物应予清除。因为水下部分障碍物不易清除干净，会影响泄流能力和增大截流难度，设计时宜对此留有相应余地。重要截流工程的截流设计应通过水工模型试验验证，并提供截流期间相应的观测设施设计安排。

在导流工程投资中，基坑排水费用所占比重较大，应结合不同防渗措施进行综合分析，使总费用最小。经常性排水应分别计算围堰和基础在设计水头的渗流量、覆盖层中的含水量、排水时降水量及施工弃水量，并据此确定最大抽水强度。其中降水量按抽水时段最大日降水量在当天抽干计算；施工弃水量与降水量不应叠加；基坑渗水量可根据对围堰形式、防渗方式、堰基情况、地质资料可靠程度、渗流水头等因素的分析适当扩大后确定。抽水设备应具有一定备用设备量和可靠电源。

6. 施工期蓄水、通航、过木、排冰

大型水利水电枢纽的工程量大、工期长，为了满足国民经济发展需要，往往采取边施工边蓄水、枢纽提前受益的方法。国内已建的许多大型工程如新安江、丹江口和葛洲坝均在施工期间开始蓄水，因此，大型水利水电工程应论证施工期蓄水的可能性。施工期水库蓄水应和导流泄水建筑物封堵统一考虑，并充分分析以下条件：国家对枢纽工程提前受益的要求；与蓄水有关项目的施工进度及导流工程封堵计划；库区征地、移民和清库的要求；水文资料、水库库容曲线和水库蓄水历时曲线；泄洪与度汛措施及坝体稳定情况；通航、灌溉等下游供水要求等。

在进行施工期蓄水历时计算时，必须综合考虑下游用水要求，因为下游通航、灌溉、发电和居民生活用水，有时是重复利用，故不宜简单叠加计算，必须通过综合分析，扣除合理的下游供水流量。蓄水日期经研究确定，自蓄水之日起，至枢纽工程具备设计泄洪能力止，应按蓄水标准分月计算水库蓄水位，并按规定防洪标准计算汛期水位，确定汛期坝前汛期坝体上升高程，确保坝体安全度汛。

通航、过木河道上的导流设计应妥善解决施工期间航运及木材过坝问题，在调查核实期间各年货（木）运量及年内分配情况等基本资料后，结合水工枢纽布置，做出施工期临时通航、过木的导流方案。

第二节　主体工程施工设计

研究主体工程施工是为了正确选择水工枢纽布置和建筑物形式，确保工程质量与施工安全，论证施工总进度的合理性和可行性，并为编制工程概算提供需求的资料。

由于整个工程中的各个施工项目施工难易程度不一，对工程建设工期、投资、工程质量和施工安全等各方面的影响程度也有所差别，施工的方法存在轻重、主次之别。一些简易工程项目或显然可用常规方法施工的项目无须进行方案比较，但施工难度大、对工程建设影响较大者，应分项在设计中做多方案比较。

一、施工方案设计

施工方案选择原则包括以下几方面内容：

（1）施工期短，能保证工程质量和施工安全，辅助工程量及施工附加量小，施工成本低。

（2）先后作业之间、土建工程与机电安装之间、各道工序之间协调均衡，干扰较小。

（3）技术先进、可靠。

（4）施工强度和施工设备、材料、劳动力等资源需求较均衡。

施工设备选择必须与服务对象、工程所在地的自然环境、水工、施工条件相适应。施工设备选择及劳动组合原则包括以下几方面内容：

（1）工地条件符合设计和施工要求，保证工程质量，生产力满足施工强度要求。

（2）设备性能机动、灵活、高效，能耗低，运行安全可靠。

（3）通过市场调查，应按各单项工程工作面、施工强度、施工方法进行设备配套选择，使各类设备均能发挥效率。

（4）通用性强，能在先后施工的工程项目中重复使用。

（5）设备购置及运行费用较低，易于获得零、配件，便于维修保养、管理、调度。

（6）在设备选择配套的基础上，应按工作面、工作班制、施工方法以混合工作结合国内平均先进水平劳动力优化组合设计。

二、土石方明挖设计

土石方开挖应自上而下分层进行，坝基开挖应在截流前完成或基本完成两岸水上部分。水上水下分界高程可根据地形、地质、开挖时段和水文条件等因素分析确定。水下开挖施工方法和设备应根据水深、地形、地质、开挖范围、开挖方量等因素做出专门设计。

1. 开挖爆破设计原则

技术先进可靠，经济合理；爆破时不致损坏基础和危及附近建筑物安全；爆破参数选择合理，爆后边坡稳定，底板不留填坎，块度适当，爆堆相对集中。大型爆破有条件时可通过现场实验确定爆破参数和方案。

2. 高边坡开挖原则

避免二次削坡；采用预裂爆破或光面爆破；在设有锚索、锚杆或混凝土支护的高边坡，每层开挖后宜立即锚喷，以保证边坡的稳定和安全；坡顶需设排水沟。

3. 出渣道路布置原则

主体工程土石方明挖出渣道路的布置及等级应根据开挖方式、施工进度、运输强度、车型和地形条件等按规范要求统一规划。进入坑基的出渣道路受上、下游围堰高程及位置限制，且使用期短，按规范技术标准布置有困难时，最大纵坡可视运输设备性能、纵坡长度等具体情况酌情加大至12%~15%；利用工地永久公路及场内道路，使同一道路满足多种需求；能满足工程后期需要，不占压建筑物部位；短、平、直，减少平面交叉；行车密度大的道路应设置双车道或循环线；若经论证设置单车道有利，则每隔一定距离（一般不大于200m）宜设置错车道。

三、地基处理设计

地基处理属隐蔽性工程，必须根据水工建筑物对地基的要求，认真分析地质条件，进行技术经济比较，选择技术可行、效果可靠、工期较短、经济合理的施工方案。

覆盖层处理应分析覆盖层深度及分层情况、颗粒组成、渗透性能、允许比降、承载能力等特性后根据建筑物和施工条件选择确定。

基岩灌浆处理应在分析研究基岩地质条件、建筑物类型和级别、承受水头、地基应力和变位等因素后选择确定。

在研究地基处理施工方案时，应因地制宜地推广应用高压喷射灌浆法、振冲法、固化灰浆等新工艺、新技术、新材料。重要工程须通过现场试验验证，确定地基处理各种参数、施工程序和工艺。

四、混凝土施工设计

水工建筑物混凝土施工分期一般是根据截流、导流、拦洪、度汛、蓄水等各阶段进度要求划分。混凝土浇筑顺序一般是由低高程逐步上升，但对上部结构复杂、基岩易风化、荷载大或沉陷量较大的基础混凝土应优先浇筑。各期具体浇筑部位和高程主要根据起重机及混凝土供料线路的布置确定。

1. 混凝土施工方案选择原则

混凝土生产、运输、浇筑、温控防裂等各项施工环节衔接合理；施工机械化程度符合工程实际，保证工程质量，加快工程进度和节约工程投资；施工工艺先进，设备配套合理，综合生产效率高；能连续生产混凝土，运输过程的中转环节少，运距短，温控措施简易、可靠；初、中、后期浇筑强度协调平衡；混凝土施工与机电安装之间干扰少。

2. 混凝土浇筑

混凝土浇筑程序、各期浇筑部位和高程应与供料线路、起吊设备布置和机电安装进度相协调，并符合相邻块高差及温控防裂等有关规定。各期工程形象进度应能适应截流、拦洪度汛、封孔蓄水等要求。

3. 混凝土浇筑设备选择原则

起吊设备能控制整个平面和高程上的浇筑部位；主要设备型号单一，性能良好，生产率高，配套设备能发挥主要设备的生产能力；在固定的工作范围内能连续工作，设备利用率高。生产能力在保证工程质量的前提下能满足高峰期时段浇筑强度要求等。

4. 碾压混凝土施工

一般性工程可参照《水工碾压混凝土施工暂行规定》（SDJS14—86）有关规定执行。

5. 碾压式土石坝施工及地下工程施工设计

依据《水利水电工程施工组织设计规范》进行。

第三节　施工交通运输

施工交通运输包括对外交通和场内交通两部分。

对外交通是联系施工工地与国家或地方公路、铁路车站、水运港口之间的交通，担负施工期间的交通和施工期间外来物资的运输任务。对外交通一般运距较长，运输量和运输强度相对比较稳定，运输工具比较单一，一般在工程竣工后还要作为水电站永久对外交通。施工期间一般自成系统。

场内交通运输较复杂，其中有外来物质的转运，须与对外交通衔接，还有大量土石方的堆弃、回填，砂石骨料及混凝土的浇筑运输等。场内交通要联系施工内部各工地，当地材料产地，堆渣场，各生产、生活区之间的交通，与工程施工直接相关，往往对运输要求严格，且水利工程施工的特点是地形条件复杂、运输强度大、车型大，又多是临时性质，工程完工后一般无用途或运输量大大减少。因此，在设计时要充分考虑上述特点。

1. 施工交通运输设计的主要任务

（1）选定场内、外交通运输方案。

（2）确定场内交通与对外交通的衔接方式；确定转运站场、码头等设施的规模和布置。

（3）选定重大件设备的运输方式。

（4）布置场内主要交通运输道路。

（5）确定场内、外交通运输道路的技术标准及主要建筑物的布置和结构形式。

2. 场内、外交通干线及其主要建筑物设计标准

参照有关现行设计规范及技术标准结合水利水电工程特点确定。施工交通运输系统应设置安全、交通管理、维修、保养、修配等专门设施，以保证交通道路保持良好的技术状态。

对外交通运输必须进行技术经济比较，选定技术可靠、经济合理、运行方便、干扰较少、施工期短、便于与场地交通衔接的方案。

场内交通要根据施工总进度确定的运输量和运输强度，结合施工总布置进行统筹规划，并应分析计算，确定各条运输道路的技术指标。场内交通干线应经常保持路基稳定、道路畅通，以满足施工期的运输要求。

第四节　施工工厂设施

施工工厂是供应主体工程施工所需的各种建筑材料，以及直接为生产服务的其他各项工厂。施工工厂的任务是制备施工所需的建筑材料，供应水、电和压缩空气，建立工地内外通信联系，维修和保养施工设备，加工制作少量非标准件和金属结构，使工程施工顺利进行。施工工厂设施设计包括砂石加工系统，混凝土生产系统，混凝土预冷、预热系统，压缩空气供水供电和通信系统，机械修配及加工系统等的设计。

施工工厂设施规模的确定，要研究利用当地工矿企业进行生产和技术协作以及结合本工程及梯级电站施工需要的可能性和合理性。厂址宜靠近服务对象和用户中心，设于交通运输和水电供应方便处，力求避免物质逆向运输。生活区应该和生产区分开，协作

关系密切的施工工厂宜集中布置，集中布置和分散布置距离均应满足防火、安全、卫生和环保要求。施工工厂的设计应积极、慎重地推广新技术、新设备、新工艺、新材料，提高机械化、自动化水平，逐步推广装配式结构，力求设计系列化、定型化，并尽量选用通用和多功能设备，提高设备利用率，降低生产成本。需在现场设置的施工工厂，其生产人员应根据工厂生产规模，按工作班制进行定岗定员。

施工工厂设施各部分设计请参照规范进行。

第五节　施工总布置

施工总布置涉及施工工地的整体布局以及时间、空间协调问题，设计时要调查了解、收集整理、综合分析本项设计所涉及的各种基本资料，充分掌握和综合分析水工枢纽布置，主体建筑物形式、特点、施工条件和工程所在地区社会、自然条件等因素，合理确定并统筹规划布置为施工服务的各种临时设施，妥善处理施工场地内外关系，为保证工程施工质量、加快施工进度、提高经济效益创造条件。

1. 施工总布置所需基本资料

当地国民经济现状及其发展前景；可为工程施工服务的建筑、加工制造、修配、运输等企业的规模、生产能力及其发展规划；现有水陆交通运输条件和通过能力，近远期发展规划；水电以及其他动力供应条件；邻近居民点、市政建设状况和规划；当地建筑材料以及生活物资供应情况；施工现场土地状况和征地有关问题；工程所在地区行政区规划图、施工现场 1/2000 地形图及主要临时工程剖面图、三角水准网点等测绘资料；施工现场范围内的工程地质与水文地质资料；河流水文、当地气象资料；规划、设计各专业设计成果或中间资料；主要工程项目定额、指标、单价、运杂费率等；当地及各有关部门对工程施工的要求；施工场地范围内的环境保护要求。

2. 施工总布置的重点研究内容

（1）施工临时设施项目的划分、组成、规模和布置。

（2）对外交通衔接方式、站场位置、主要交通干线及跨河设施的布置情况。

（3）可利用场地的相对位置、高程、面积和占地赔偿。

（4）供生产、生活设施布置的场地。

（5）临建工程和永久设施的结合。

（6）前后期的结合和重复利用场地的可能性。

3. 施工总布置主要设计成果

（1）工程地理位置和对外交通示意图、简明运输里程表。

（2）水工和导流建筑物相对位置及轮廓。

（3）工区划分范围，主要施工工厂、大型临时设施以及堆、弃渣场地范围。

（4）根据分标情况确定各承包单位的施工场地范围。

（5）风、水、电及其他动力、能源、场（厂）站位置及主、干管线。

（6）料场位置及范围。

（7）施工场地征用和施工用地面积一览表。

（8）生产、生活福利设施及其他建筑物一览表。

（9）场内交通运输技术指标及运转、存储建筑物数量一览表。

4. 施工区规划设计

施工总布置一般按以下内容分区：

（1）主体工程施工区。

（2）施工工厂区。

（3）当地建材开发区。

（4）仓库、站、场、厂、码头等储运系统。

（5）机电、金属结构和大型施工机械设备安装场地。

（6）工程弃料堆放区。

（7）施工管理中心及各施工工区。

各分区间交通道路要布置合理，运输方便可靠，能适应整个工程施工进度和工艺流程要求，尽量避免或减少反向运输和二次倒运。

第六节　施工总进度

编制施工总进度时，应根据国民经济发展需要，采取积极有效措施以满足主管部门和业主对施工总工期提出的要求。如果确认要求工期过短或过长、施工难以实现或代价过大，应以合理工期报批。

1. 施工阶段

工程建设一般划分为 4 个施工阶段：工程筹建期、工程准备期、主体工程施工和工程完建期。施工总工期为后 3 项工期之和。并非所有工程的 4 个建设阶段都截然分开，某些工程的相邻两个阶段工作也可以交错进行。

2. 编制施工总进度的原则

严格执行基本建设程序，遵照国家政策、法令和有关规程规范；力求缩短工程建设周期，对控制工程总工期或受洪水威胁的工程和关键项目应重点研究，采取有效的技术和安全措施；各项目施工程序前后兼顾，衔接合理，干扰少，施工均衡；采用平均先进指标，对复杂地基或受洪水制约的工程，宜适当留有余地；在保证工程质量与施工总工期的前提下，充分发挥投资效益。

3. 施工总进度的表现

可根据工程不同情况分别采用以下 3 种方式：

（1）横道图。具有简单、直观等优点。

（2）网络图。可从大量工程项目中表示出控制总工期的关键路线，便于反馈、优化。

（3）斜线图。易于体现流水作业。

单项工程施工进度既是施工总进度的构成部分，又是编制施工总进度的基础，其包括导流工程施工进度、坝基开挖与地基处理工程施工进度、混凝土工程施工进度、碾压式土石坝施工进度、地下工程施工进度、金属结构及机电安装进度等。各单项工程施工进度服从总进度的整体安排，又为合理调整施工总进度提供依据。

第七节　设计实例

某水电站为无调节坝后式小型水电站。电站由拦河坝、泄洪建筑物、引水建筑物及电站厂房组成。设计装机容量 2×800kW，施工总工期 2a，管理单位定员编制 12 人。

取水枢纽为浆砌石硬壳重力坝。其中两侧为非溢流坝，最大坝高 27m。坝顶轴线长 120m，顶宽 3m，坝顶高程 3714m，防浪墙高 1.2m；中部为溢流坝段，坝顶高程 3710m，长 50m，坝面采用 WES 曲线，下游坡设钢筋混凝土消力池，长 35m，宽 50m，底部高程为 3689m。引水建筑物主要为进水闸和压力钢管，位于左侧非溢流坝段，进口设置启闭塔，渐变段与压力钢管相连。电站厂房尺寸为 22.14m×15.96m（长 × 宽），位于河道左岸的大坝下游台地上，采用钢筋混凝土框架结构，与升压站结合布置。

一、基本资料

1. 自然地理条件

工程区属温带半湿润高原季风气候区。极端最高温度为 27℃（1983 年 7 月 6 日），极端最低温度为 −23℃（1983 年 1 月 5 日），多年平均气温 4.3 年平均降水量为 408.2mm 左右，最多可达 683.2mm（1987 年），最少只有 302.21mm（1983 年），日最大降水量为 37.2mm（1937 年 8 月 9 日）。降水量主要集中在 5—9 月份，占全年的 88.9%；10 月至次年 4 月降水量仅占全年的 11.1%；0.1mm 的降水日数为 98.9d，

10.0mm 的降水日数全年只有 11.8d。多年平均蒸发量 1660.2mm，冬季的蒸发量为同期降水量的 50 倍，气候显得十分干燥。雨量小、雨日少是明显的气候特点。年平均风速 1.7m/s，最多为东南风，最大风速 21m/s。最大积雪深度为 8cm，冰冻线为 100~120cm。多年平均相对湿度 53%。冻土大多集中在 10 月中旬至次年 3 月中旬，厚度达 80cm。干旱季节大多集中在 4—7 月份。

该区地震基本烈度为Ⅷ度。坝线位置河谷呈“U”形，坝址区附近河床从上游至下游逐渐宽浅，河道顺直，坝轴线河床现宽约 45m，勘测期间河水深达 2~3m。右岸地势较左岸平缓，右岸植被发育，以针叶林和灌丛为主，水土保持较好，并在冲洪积作用下形成Ⅰ、Ⅱ级阶地，Ⅱ级阶地与Ⅰ级阶地高差 10~20m。Ⅱ级阶地后缘为崩坡积块碎土斜坡，坡度 20° 左右，纵长约 50m 至基岩裸露区，基岩区较陡。左岸基岩壁裸露，约 65°，局部呈陡坎直立状，直抵河床，岩体节理裂障较发育，表层物理风化作用较强。坝址区左岸上方因公路开挖修建出现卸荷带，深 10~20m，附近无大的崩塌和滑坡、泥石流现象。因板岩易风化，局部地段坡面出现剥落、洒落或小碎屑流现象。

2. 交通条件

全县交通主要以陆路为主，对外有 318 国道从腹地通过。公路贯穿本县 3 个乡、镇，53 个村，境内长 160km。另有支线 4 条，通车里程达 192km。同时，工程所在地距 318 国道 6km，有乡级公路连接。该段公路目前为土路，标准较低，但根据规划，将在 2004 年完成扩建工程，到电站建设时可满足进场要求，另需修建 2km 永久道路与之相连。

由于本工程施工机械简单，计划场内修建施工便道通达各个施工点，便道宽 3m，总长 3km，满足施工期内部交通要求。

3. 施工特点

（1）建设范围相对集中，施工需依次进行；

（2）施工导流任务需通过二次围堰完成，施工难度较大；

（3）砌石工程量较大，需保证质量；

（4）施工用电方便，尽量采用电动力的机械；

（5）坝体施工是工程的关键部位，需保证质量和进度。

4. 施工供水、供电

计划施工用电来自曲河一级水电站电网，在开工之前首先架设永久输电线路，利用它反向工地供电。电站建成后再作为向外供电的线路。在变电站设置施工配电综控室，并配合 75kW 柴油发电机两台，解决各施工区用电需要。

施工用水从河道抽取，连接水管就近供应。大部分供水管路都在 500m 以内。

5. 建筑材料

工程需要的天然建筑材料主要有块石（漂石）料、混凝土卵砾石粗骨料、混凝土细骨料（粗砂）、黏土料等。经本次勘查，区内砂、砾、卵石多为河流冲洪成因，多混杂产出，无单一砂、砾石料场，均需经人工筛选后使用。

砂卵石料有两处：一为左岸坝下游距坝址约 1km 处河漫滩及 n 级阶地上，分布大量的砂卵石层，估计储量约为 200 万 m^3。场地地形开阔，地势较平坦，并有土路相通，易于开采，便于运输。二为左岸麻科村上游距坝址约 1.5km 处河漫滩 I 级阶地上，分布有大量的砂卵石层，估计储量约 30 万 m^3。

块石料：在左岸坝轴线上游魁八斗沟内，距坝轴线约 5km，分布大量的灰岩，易于开采，但运输较困难，须建设简易公路。

黏土料：左岸麻科村距坝址约 1km 处分布有广泛的洪积土与残坡积土，估计储量 40 万 m^3，并有土路相通，易于开采，便于运输。

水泥、炸药、钢材等主要材料由四川天全、雅安供应，次要材料在当地市县就地采集。

二、施工导流

1. 导流标准

根据《水利水电工程施工组织设计规范》（SDJ338—89）（试行）的规定，本电站工程等别为 IV 等，相应导流建筑物级别定为 5 级。

由于大坝为砌石坝，本电站施工导流流量只考虑枯水期流量和洪水期允许过流，因此只需要计算枯水期的流量。电站径流、洪水的计算以巴楚河的桃园子水文站为参证站，桃园子水文站控制流域面积 3180k ㎡，1960 年设站，到 2000 年已有 32 年实测水文资料，月径流资料也比较齐全。因此施工导流流量计算以采用桃园子站为参证站进行计算。

2. 导流方案

本工程工程量较大，施工周期较长，同时，由于曲河枯水期流量较大，因此，施工导流有一定的困难，本次采用两个方案进行比较论证。

（1）全断面围堰导流方案

全断面围堰导流方案即一次全断面截流的大坝整体全面施工方案。根据本工程可研阶段进行的全断面截流导流洞导流方案，导流洞长度达 500m，需进行大量的隧洞石方开挖和混凝土衬砌，工程量巨大，而且施工周期长，无法满足本工程的经济技术要求。

为达到经济可比性和一期导流目的，本方案不再采用隧洞导流，而采用在河槽中心埋设混凝土涵管的方法进行导流。施工时，首先在枯水期设小围堰，进行河槽中心导流涵洞施工，之后，于导流洞上、下游修筑土石围堰，即可进行基坑开挖，并全面进行大坝施工。

河槽导流涵洞设计为有压涵洞，总长224m，过水断面为矩形，断面尺寸为4m×4m，壁厚40cm，采用C20钢筋混凝土浇筑。

（2）分期导流、分段施工方案

为保证发电站厂房顺利施工和机电设备的安装，使电站尽早投入运行，本工程分期导流方案拟先进行左岸厂房坝段和两个溢流坝段的施工，即一期右岸明渠导流，左岸施工，二期利用左岸坝体内预设导流洞导流，再进行右岸坝体施工。具体导流方案为：首先于右岸开挖一期导流明渠，渠底宽12.5m，岸坡侧边坡1 ∶ 1；之后，左岸修建一期围堰，进行左岸厂房坝段和两个溢流坝段的施工。围堰采用麻袋装土围堰，堰顶宽2m，迎水面坡比为1 ∶ 0.5，背水面坡比1 ∶ 0.3，土袋围堰施工时应进行清基工作。为减少围堰渗漏和明渠向左岸基坑的渗漏，导流明渠过水断面全部采用防水彩条布衬砌，并可保证基坑边坡和围堰的整体稳定。右岸坝体上升到一定高程后，拆除一期围堰，同时修建右岸二期麻袋土围堰，截断导流明渠，利用导流洞导流，即可进行右岸溢流坝段和挡水坝段的施工。麻袋土围堰仍利用防水彩条布进行防渗，已施工的左岸部分坝体作为纵向围堰的一部分。

导流洞按半有压流设计，断面为城门洞形，底宽4m，直墙高2m，拱高2m，底坡降1/200，进口高程3692m，出口利用已施工的消力池消能并扩散水流。经计算，导流洞在充水度达到0.7时，过流能力即达71.3m³/s，因此，本导流洞满足导流标准过流能力，并可抵御一定的超标准洪水过流。

（3）方案比较

全断面围堰导流方案，施工场地宽广，施工干扰小，大坝可整体上升，避免因分期施工引起的各坝段不均匀沉陷。但受导流洞过流能力限制，在发生超标准洪水时，基坑易被淹没。

分期导流方案导流量大，可抵御一定的超标准洪水过流，施工时间有较高的保证率，即使基坑发生淹没，由于基坑面积小，处理的时间也较短。

综合比较，两种导流方案经济费用大致相当，但分期导流方案相对一期导流有更大可靠程度和安全性。因此，确定采用分期导流、分段施工的方法，作为本工程的施工导流方案。

3. 分期导流围堰布置

一期围堰上、下游围堰分别距拦河坝上下游坝脚50m，轴线与坝轴线基本平行，上游围堰顶高程3697.30m，最大堰高5.0m，下游围堰按下游水位加0.5m超高设防，堰顶高程3696.30m，最大堰高4.0m。二期围堰上、下游围堰分别距拦河坝上下游坝脚50m，轴线与坝轴线基本平行，上游围堰顶高程3696.80m，最大堰高4.5m，下游围堰大部分位于消力池内，底高程为3689.00m，堰顶高程3697.00m，最大堰高8.0m。

三、基坑排水

由于施工区地基抗渗性较差，故两期基坑排水均采用挖排水明沟，设集水井的方法汇集基坑积水。排水井沿基坑开挖范围对角布置两个，配备ISG200-200A型清水式离心泵5台（备用1台），流量80m³/（h·台），扬程6m，电机功率6.0kW。集水井及排水线路的布置应不影响基坑开挖和混凝土浇筑的施工，排水时间及排水强度应根据具体情况酌情安排，确保基坑不积水。

四、主体工程施工

（一）取水枢纽工程施工

一期先进行左岸两个溢流坝段和厂房坝段施工，基坑内的水抽排干净后，采用HR2.0挖掘机开挖，15t自卸汽车运输出渣。清基完毕，并做基坑排水工作后，开始进行坝基防渗处理，混凝土防渗墙采用反循环钻机成槽，0.8m³混凝土搅拌机配合1.0t机动翻斗车浇筑混凝土防渗墙，防渗墙达到85%强度后采用地质钻机150型进行基岩帷幕灌浆，灌浆完成后进行坝体施工，在左岸坝体达到3697.00m高程左右后，开始二期导流，进行右岸基坑开挖，开挖同样采用2.0m³挖掘机开挖，15t自卸汽车运输出渣。两个基坑开挖弃渣分别集中堆放于相应岸附近山坳中，严禁随意堆放。

由于该取水枢纽的大坝是放置在砂卵石地基上的，基坑中的渗水量较大，因此大坝防渗灌浆施工要尽快进行，同时做好基坑排水工作，确保施工质量。在右岸坝段砌筑高程与左岸基本一致后，坝体施工按规范规定高差整体抬升。

坝体填筑施工完成后，依次进行混凝土路面、防浪墙、坝顶辅助设施的施工。混凝土施工采用0.8m³拌和机配合混凝土泵运输入仓。在低温季节浇筑混凝土或浆砌块石，应注意采取保暖防冻措施。

（二）进水坝段工程施工

进水坝段采用混凝土现浇，采用0.8m³拌和机配合混凝土泵运输入仓。施工面注意通风和安全措施，合理安排施工路线，保证施工质量和进度。

压力钢管施工：基础和钢管槽采用0.8m³拌和机配合混凝土泵自下而上分层浇筑。混凝土采用震捣棒震捣密实。钢管管身按照设计要求分段在现场加工制作，经检查合格后现场安装。由于压力钢管沿线地形坡度较大，应首先按照设计要求开挖清理检修道路，以便施工人员和建筑材料通行，并在施工中采取相应的安全措施。

（三）厂区工程施工

1. 厂房和升压变电站施工

基础开挖采用 2.0m³ 挖掘机挖装，15t 自卸汽车运输出渣，自上而下分层开挖，弃渣首先用于场地平整，多余土方运至下游料场开挖形成的坑内集中堆放，严禁随意堆放。

2. 厂房混凝土浇筑

采用 0.8m³ 拌和机配合混凝土泵运输入仓，震捣棒震捣密实。异型结构采用木模板，其余均采用钢模板。

3. 厂房墙体砌筑

采用人工砌筑。

4. 变电站浆砌块石砌筑

采用人工砌筑块石，人工拌和水泥砂浆。

5. 生活区施工

生活区建筑物布置在厂房北侧的台地上，施工采用人工开挖和人工砌筑，施工简单，计划在施工准备期完成。

五、场内施工交通运输

本工程所在地附近有 318 国道通过，需修建 2km 长永久道路与之相连。

由于施工机械较为简单，计划场内修建施工便道通达各个施工点，便道宽 3m、长 3km，以满足施工期内部交通要求。

六、施工总体布置

（一）施工总布置

场地布置规划应遵循因地制宜、因时制宜和利于生产、方便生活、快速安全、经济可靠、易于管理的原则。结合地形条件，尽量合理利用地形，布置紧凑，少占地。各种施工设施的布置，均能满足主体工程施工工艺要求，避免干扰和料场的重复、往返运输等现象。场内外施工道路的布置，应能满足运输强度的要求。

根据电站工程的施工特点，施工总体布置分左右岸两个管理区。

左岸管理区，设工程管理办公室、建筑材料仓库、民工住房、配电房、抽水站、厕所等临时建筑物 2500 ㎡，另外布置有混凝土拌和站和砂石料场、弃渣堆场、施工简易道路等。

右岸管理区，设办公室、建筑材料仓库、民工住房、抽水站、厕所等临时建筑物1500 ㎡，同时布置有混凝土拌和站和砂石料场、弃渣堆场、施工简易道路等。

（二）辅助企业

1. 混凝土拌和站

每个管理区各设置一处 0.8m³ 拌和站，班产量为 50m³，可满足混凝土生产需要。其他零星混凝土工程可采用流动拌和站，布置 0.8m³ 搅拌机一台。

2. 砂石料加工系统

均设在料场，制备成成品后运至工地备用。

3. 主要施工机械

施工期间所需主要施工机械有土方机械、装载运输机械、混凝土拌和浇筑设备、钢木加工设备、运输吊装机械等。根据本工程规模，不设机修厂和机械加工厂，工地的简单维修由施工队负责。

（三）水、电及通信系统

1. 供水系统

取水枢纽、电站厂区各设一处抽水站，水源取自河道，水池容积 50m³。

2. 供电系统

取水枢纽处配电房综合配电。

3. 施工通信

由电站架设电话线路到各施工区。每处施工区设电话 3 台。

七、施工总进度

根据本工程工程量规模，工程计划 2021 年 9 月进行施工准备，10 月正式开工，2023 年 8 月底竣工发电，施工期两年。

取水枢纽：安排在 2021 年 9 月至 2022 年 11 月施工。

发电洞、冲砂洞：安排在非溢流坝段施工到相应高程后施工。

厂区工程：安排在 2023 年 3 月至 2023 年 7 月完成。

工程扫尾及验收：安排在 2023 年 8 月。

该工程需总工时 73.77 万个，施工期高峰人数 241 人，施工总工期 24 个月。

第五章　水电站进水口建筑物设计

第一节　水电站进水口的功用和基本要求

水电站进水口通常位于引水系统的首部，其功用是按发电要求将水引入水电站的引水道。水电站进水口应满足以下 5 条基本要求：

①要有足够的进水能力，即在任何工作水位下进水口都能引进必需的流量。因此，在枢纽布置中必须合理安排进水口的位置和高程，水电站进水口要求水流平顺并有足够的断面尺寸（一般按水电站的最大引用流量 QM 设计）。

②水质要符合要求，即不允许有害泥沙和各种有害污物进入引水道和水轮机。因此，进水口要设置拦污、防冰、拦沙、沉沙及冲沙等设备。

③水头损失要小，即水电站进水口位置要合理，进口轮廓应平顺、流速较小以尽可能减少水头损失。

④流量应可控，即进水口必须设置闸门（以便在事故时紧急关闭并截断水流以避免事故扩大。同时，也可为引水系统的检修创造条件）。对无压引水式电站来讲，其引用流量的大小通常也是由进口闸门控制的。

⑤应满足水厂建筑物的一般要求，即进水口要有足够的强度、刚度和稳定性。另外，还要求其结构简单、施工方便、造型美观，便于运行、维护和检修。

进水口后连接的引水方式、水流流态和所处位置的不同，其进水口的形式也不尽相同，水电站进水口按水流条件的差异可分为有压进水口和无压进水口两大类。

第二节　水电站有压进水口设计

水电站有压进水口的特征是进水口高程设在水库最低死水位以下以引进深层水为主，整个进水口处于有压状态，其后通常接有压隧洞或压力管道，有压进水口适用于坝式、有压引水式、混合式水电站。有压进水口通常由进口段、闸门段及渐变段等组成。

一、水电站有压进水口设计的基本要求

（一）有压进水口的类型及适用条件

目前，水电站常见的有压进水口有隧洞式进水口、墙式进水口、塔式进水口、坝式进水口等。

（1）隧洞式进水口。隧洞式进水口是在隧洞进口附近的岩体中开挖竖井形成的，其井壁一般要进行衬砌，闸门则安装在竖井中，竖井的顶部布置有启闭机和操纵室，隧洞式进水口渐变段之后接隧洞洞身。这种布置的优点是结构比较简单，不受风浪和冰冻的影响，地震影响也较小，比较安全可靠。其缺点是竖井之前的隧洞段不便检修，另外，竖井开挖也比较困难。隧洞式进水口适用于工程地质条件较好、岩体比较完整、山坡坡度适宜且易于开挖平洞和竖井的情况。

（2）墙式进水口。墙式进水口的进口段、闸门段和闸门竖井均布置在山体之外，从而形成一个紧靠在山岩上的单独墙式建筑物，该墙式建筑物承受水压及山岩压力，因此要求有足够的稳定性和强度。墙式进水口适用于地质条件差、山坡较陡、不易开挖竖井的情况。

（3）塔式进水口。塔式进水口的进口段、闸门段及其框架形成一个塔式结构，其耸立在水库之中，塔顶设有操纵平台和启闭机室，有工作桥与岸边或坝顶相连。塔式进水口可一边或四周进水，然后将水引入塔底的竖井中。塔式进水口塔身是直立的悬臂结构，风浪压力及地震力的影响较大，故需对其进行抗倾、抗滑稳定和结构应力计算，应确保其具有足够的强度和稳定性，同时也要求地基坚固。塔式进水口适用于当地材料坝枢纽，当进口处山岩较差而岸坡又比较平缓时也可采用这种形式。

（4）坝式进水口。坝式进水口通常依附在坝体的上游面上并与坝内压力管道连接，其进口段和闸门段常合二为一、布置紧凑。坝式进水口适用于混凝土重力坝的坝后式厂房、坝内式厂房和河床式厂房。

（二）有压进水口的位置、高程及轮廓尺寸设计

（1）有压进水口的位置设计。水电站有压进水口在枢纽中的位置设计应能尽量使水流平顺、对称，应不使水流发生回流和漩涡、不出现淤积、不聚集污物，应确保泄洪时仍能正常进水。有压进水口后接的压力隧洞应与洞线布置协调一致，应选择地形、地质及水流条件均较好的位置。

（2）有压进水口的高程设计。有压进水口顶部高程应低于运行中可能出现的最低水位并应有一定的淹没深度（以进水口前不出现漏斗式吸气漩涡为原则）。漏斗漩涡会带入空气、吸入漂浮物、引起噪声和振动、减小过水能力、影响水电站的正常发电，人

们根据一些已建工程的原型观测分析结果给出了不出现吸气漩涡的临界淹没深度经验估算公式，即

$$S=cV\sqrt{H}$$

式中，H为闸门孔口净高，m；V为闸门断面水流速度，m/s；c为经验系数（c=0.55–0.73，对称进水时取小值，侧向进水时取大值）；S为闸门顶低于最低水位的临界淹没深度。

在满足进水口前不出现漏斗式吸气漩涡及引水道内不产生负压的前提下，进水口的高程应尽可能抬高以改善结构的受力条件，降低闸门、启闭设备及引水道的造价（也便于进水口的维护和检修）。通常情况下，有压进水口底部高程应高于设计淤沙高程（如果这个要求无法满足则应在进水口附近设排沙孔以保证进水口不被淤沙堵塞），进水口的底部高程通常应在水库设计淤沙高程以上 0.5~1.0m（若设有排沙设施，则可根据实际排沙情况确定）。

（3）进水口一般应由进口段、闸门段和渐变段组成。进水口的轮廓应使水流平顺、流速变化较小，应确保水流与四周侧壁之间无负压及涡流且进口流速不宜太大（一般应控制在 1.5n/s 左右）。

①有压进水口进口段。有压进水口进口段的作用是连接拦污栅与闸门段，隧洞式进口段通常为平底，两侧收缩曲线为 1/4 圆弧或双曲线，上唇收缩曲线一般为 1/4 椭圆。进口段的长度没有一定标准，在满足工程结构布置与水流顺畅的条件下，应尽可能紧凑。

②有压进水口闸门段。有压进水口闸门段是进口段和渐变段的连接段，闸门及启闭设备布置在此段。闸口段一般为矩形，事故闸门净过水面积通常为隧洞面积的 1.1~1.25 倍（检修闸门的孔口可与此相等或稍大），其门宽应等于洞径、门高应略大于洞径。闸门段的体型主要取决于所采用的闸门、门槽形式及结构条件，其长度应满足闸门及后闭设备布置需要并应顾及引水道检修通道的要求。

③有压进水口渐变段。有压进水口渐变段是矩形闸门段到圆形隧洞的过渡段，通常采用网角过渡，其圆角半径可按直线规律变为隧洞半径渐变段的长度一般为隧洞直径的 1.5~2.0 倍，侧面收缩角宜为 6°~8° （一般不得超过 10° ）。

④坝式进水口。为适应坝体的结构要求，坝式进水口的长度要缩短，故进口段与闸门段常合二为一。坝式进水口一般做成矩形喇叭口状，水头较高时喇叭开口较小（以减小闸门尺寸及孔口对坝体结构的影响），水头较低时孔口开口大（以降低水头损失）。喇叭口的形状一般可由试验确定（以不出现负压、漩涡且水头损失最小为原则）。坝式进水口的渐变段长度一般取引水道直径的 1.0~1.5 倍。坝式进水口的中心线既可以是水平的，也可以是倾斜的（具体视与压力管道连接的条件而定）。

（三）有压进水口的主要设备

有压进水口的主要设备包括拦污设备、闸门及其启闭设备、通气孔及充水阀等。

（1）拦污设备有压进水口拦污设备的功用是防止漂木、树枝、树叶、杂草、垃圾、浮冰等漂浮物随水流进入进水口，同时也不让这些漂浮物堵塞进水口，以确保机组正常运行。目前常用的主要拦污设备为进口处的拦污栅。

①拦污栅的布置及支承结构。拦污栅的立面布置可以是倾斜的也可以是竖直的，洞式和墙式进水口的拦污栅常布置成倾斜的（倾角为60°~70°）。这种布置的优点是过水断面大、易于清污，塔式进水口的拦污栅也可以布置成倾斜或竖直的（具体如何布置取决于进水口的结构形状），坝式进水口的拦污栅一般布置成竖直的。拦污栅的平面形状可以是平面的或多边形的（前者便于清污，后者可增大过水面），洞式和墙式进水口一般采用平面拦污栅，塔式和坝式进水口则两种均可采用，拦污栅平面布置结构简单，便于机械清污。拦污栅通常由钢筋混凝土框架结构支承，拦污栅框架一般由墩（柱）及横梁组成，墩（柱）侧面应留槽（拦污栅片插在槽内，上、下两端分别支承在两根横梁上，承受水压时相当于简支梁），横梁的间距一般应不大于4m（间距过大会加大栅片的横断面，过小会减小净过水断面增加水头损失），拦污栅框架顶部应高出需要清污时的相应水库水位。

②拦污栅栅片。拦污栅通常由若干块栅片组成，每块栅片的宽度一般应不超过2.5m，高度应不超过4m，栅片像闸门一样插在支承结构的栅槽中（必要时可一片片提起检修）。拦污栅的矩形边框通常由角钢或槽钢焊成，纵向的栅条则常由扁钢制成，上、下两端焊在边框上。拦污栅沿栅条的长度方向等距设置了几道带有槽口的横隔板（栅条背水的一边嵌入该槽口并加焊，这样不仅固定了位置也增加了其侧向稳定性），栅片顶部设有吊环。

③拦污栅设计。拦污栅设计工作包括过栅流速、栅条的厚度与宽度及栅条净距等。所谓过栅流速，是指扣除墩（柱）、横梁及栅条等各种阻水断面后按净面积计算出的流速，拦污栅总面积小则过栅流速大、水头损失大、漂浮物对拦污栅的撞击力大、清污也困难，拦污栅总面积大则会增加造价甚至会造成布置困难，因此为便于清污，过栅流速应以不超过1.0m/s为宜。当河流污物很少（或加设了粗栅、拦污浮排后使拦污栅前污物很少）而水电站引用流量又较大时过栅流速可适当加大。拦污栅的栅条厚度及宽度应通过强度计算确定，常规尺寸为长8~12mm、宽100~200mm。拦污栅的栅条净距b大则拦污效果差、水头损失小；相反若b小则拦污效果好、水头损失大。因此，拦污栅的净距应保证通过拦污栅的污物不会卡在水轮机过流部件中。通常情况下，混流式水轮机取b=D1/30、轴流式水轮机取D1/20、冲击式水轮机取b=d/5，其中D1为转轮标称直径，d为喷嘴直径。拦污栅最大净距不宜超过20cm，最小净距不宜小于5cm。拦污栅与进水口间的距离应不小于D（洞径或管道直径）以保证水流平顺。拦污栅的总高度决定于库水位及清污要求，对于不要求经常清污的大型水库，拦污栅框架的顶部高程可做在汛前水位以上（以便每年能有机会清理和维修拦污栅）。对漂浮物多、需要经常清污的电站则拦污栅的顶部高程应高于清污的最高水位。拦污栅及支承结构的设计荷载主要有水压力、清污机压力、

清污机自重、漂浮物（浮木及浮冰等）的冲击力、拦污栅及支承结构的自重等。拦污栅设计中的水压力是指拦污栅可能堵塞情况下，栅前、栅后的压力差（一般可取 4~5m 均匀水压力进行设计）。拦污栅栅片上、下两端支承在横梁上栅条相当于简支梁，故设计荷载确定后就可求出其所需的截面尺寸。栅片的荷载传给上、下两根横梁，横梁受均布力，横梁、柱墩应按框架结构进行设计。

④拦污栅的清污及防冻设计。拦污栅被污物堵塞后水头损失会明显增大，因此拦污栅必须及时清污（以免造成额外的水头损失）。拦污栅堵塞不严重时清污方便，堵塞过多则过栅流速大、水头损失加大并会出现污物被水压力紧压在栅条上的情况（导致清污困难，有时甚至会造成被迫停机或发生压坏拦污栅的事故）。拦污栅的清污方式有人工污和机械清污两种。人工清污是用齿耙扒掉拦污栅上的污物（一般用于小型水电站的浅水、倾斜拦污栅），大中型水电站常用清污机。拦污栅吊起清污方法可用于污物不多的河流并结合拦污栅检修工作同时进行，拦污栅吊起清污方法有时也用于污物（尤其是漂浮的树枝）较多、水下清污困难的情况（这种情况下可设两道拦污栅，一道吊出清污时，另一道可以拦污，以保证水电站正常运行）。在严寒地区要防止拦污栅封冻，如冬季仍能保证全部栅条完全处于水下，则水面形成冰盖后，下层水温高于 0℃，栅面不会结冰。如栅条露出水面则要设法防止栅面结冰（一种方法是在栅面上通过 50V 以下电流形成回路使栅条发热。另一种方法是将压缩空气用管道通到拦污栅上游面的底部后边通过均匀布置的喷嘴中喷出，形成自下向上的夹气水流，将下层温水带至栅面并增加水流紊动、防止栅面结冰）。

（2）闸门及启闭设备设计为控制水流，进水口必须设置闸门（闸门可分为事故闸门和检修闸门）。事故闸门的作用主要是当机组或引水道发生事故时，迅速切断水流（以防事故扩大），事故闸门通常悬挂于孔口上方，事故时要求在动水中可快速关闭（1~2min），闸门要求在静水中开启（先用充水阀向门后充水，待闸门前后水压基本平衡后再开启闸门。由于引水道末端阀门会漏水，特别是水轮机导叶漏水量较大，所以事故闸门应能在 3~5m 水压下开启），事故闸门一般为平板门，其后闭设备可采用固定式卷扬后闭机或油压后闭机（应每个闸门配置一套以便随时操作闸门。闸门操作应尽可能自动化并能吊出检修）。检修闸门通常设在事故闸门上游侧，作用是在进行事故闸门及其门槽检修时用以堵水，检修闸门一般采用平板闸门（中小型电站也可以采用登梁门），检修闸门要求在静水中后闭并可以几个进水口共用一套检修闸门（可用移动式或临时后闭设备后闭），平时检修闸门应存放在贮门室内。

（3）通气孔。通气孔通常设在有压进水口的事故闸门之后，其作用是当引水道充水时用以排气，当事故闸门紧急关闭放空引水道时用以补气以防出现有害真空。若闸门为前止水布置则可利用事故闸门竖井兼作通气孔，若闸门为后止水则必须设专门的通气孔。通气孔内应设爬梯（兼作进人孔）。通气孔的面积取决于事故闸门关闭时的进气量，进气量的大小一般取引水道的最大引用流量，进气量除以允许进气流速即得通气孔的面积。根据工程实践经验，为简便起见，发电引水道工作闸门或事故闸门后的通气孔面积可取管道面积的5%左右，通气孔顶端应高出上游最高水位（以防水流溢出）。

（4）充水阀。充水阀的作用是开启闸门前向引水道充水以平衡闸门前后水压（以便利在静水中开启闸门，从而减小闸门启闭力），充水阀的尺寸可根据充水容积、下游漏水量及要求的充水时间确定，坝式进水口应设旁通管（管的上游通至上游坝面，下游通到事故闸门之后，旁通管应穿过坝体廊道并在廊道内设充水阀）。另一种方法是将充水阀设置在平板门上并利用闸门拉杆启闭。闸门关闭时，在拉杆及充水阀重量的共同作用下充水阀关闭；开启闸门前，先将拉杆吊起20cm左右，这时充水阀开启（闸门门体未提起）并开始向引水道充水，充水完毕再提起闸门。

二、设计范例——清风口水利枢纽进水口设计

（一）工程概况

东风市清风口水利枢纽是东风市防洪及桦树河补水枢纽工程之一，位于桦树河上游干流梅梁河上，开发任务为以东风市防洪及桦树河生态补水为主，结合发电等综合利用。水库正常蓄水位为267m，总库容为1.88亿立方米，电站装机容量为15.0MW。清风口水库属大型水库，属Ⅱ等工程。拦河坝采用碾压混凝土重力坝，坝顶高程为271.5m，最大坝高为76.5m，顶宽为7m，坝顶总长为239m，由左、右岸非溢流坝段和溢流坝段组成。

电站为坝后式地面厂房，布置在河床左侧，厂房内安装两台机组，采用两机一管供水。引水系统由坝式进水口、坝内埋管、坝后背管组成。进水口布置在左岸非溢流坝段5号坝块。为了满足枢纽运行期间下游环境补水的要求，在厂房引水主管段另接一条环境补水管，管径为1.8m，补水管进口利用发电引水主管引水，出口端设流量调节阀。坝址左侧山坡段为弱风化岩体，饱和抗压强度为50~55MPa，变形模量为L5~2CPa，属中硬岩，完整性较好，岩体质量分类为B类，左坝肩局部为强风化岩体，饱和抗压强度为25~30MPa，变形模量为0.6~1GPa，属软质岩，岩体质量分类为Ⅴ类。

（二）水库下泄水温要求

水库的建设对环境所产生的影响是多方面的，既有益也有弊（对水生生物产生一定的不利影响。水库蓄水后，原有的天然河道形式已不复存在，大坝拦截改变了河流的连续性、河道径流的年内及年际分配和水体的年内热量分配，河道水深增加，过流面积增加，使原来流动的、水温掺混均匀的水体转变为相对静止或流动十分缓慢的大体积停滞水体。在高温季节，水体表面受到太阳能量的辐射，表层水温升高，而深层水由于吸收的热量少，水温变化小，形成了上部水温高而下部水温低的特有分层温度场。在水深较高的水库坝下，河道的水位和流量受到人为控制。如下泄水水温低，则下游水生鱼类繁殖季节向后

推迟，降低鱼类新陈代谢的能力，直接影响鱼类的生长、育肥和越冬；将直接影响到库区及下游人民的生活质量、库区水生生物的环境）。为保护日益脆弱的生态环境，在工程前期设计的可行性研究和初步设计阶段，审查专家均要求采取工程措施，要求使清风口水利枢纽日常运行下泄水温与天然河道水温基本一致。本工程通过进行进水口设计，设置分层取水设施，控制取水区域，能够有效地解决下泄低温水问题。

（三）分层进水口布置

（1）分层进水口高程的确定。分层进水口高程包括表层进水口高程和底层进水口高程。

①表层进水口高程的确定。表层进水口高程根据工程调度运行计算，清风口水利枢纽库区坝前多年平均的各月水位变化为243~263m，结合坝前各月不同水深水温情况，电站和生态补水流量的表层进水口底高程设置在正常蓄水位（267m）以下15m左右（可浮动区间为正常蓄水位以下13~20m），但保证低于汛限水位254.4m。此时只有1~4月的多年平均水位低于该进水口，但这几个月本身水温较低，通过底层进水口引水至电站发电引水主管分岔的环境补水管补水即可。为了满足生态环境取表层水的需要，同时考虑电站在汛限水位254.4m时仍能通过表层进水口取水发电，经计算选定表层进水口底高程为250m，当库水位高于汛限水位时，电站从表层进水口取水，关闭下层工作闸门；当库水位低于汛限水位时，电站从底层进水口取水，开启下层工作闸门。

②底层进水口高程确定。根据《水利水电工程进水口设计规范》的规定及发电进水口的设计要求，底层进水口底高程需高于淤沙高程（221.0m），同时进水口高程还应满足最小淹没深度S的要求。经计算，S=5.68m，电站发电死水位为2399.0m。因此，底层进水口底高程必须低于233.32m，考虑到水库在死水位226.0m时还需能向下游进行环境补水，底层进水口高程定为223.0m。

（2）分层进水口的布置。根据工程调度运行的要求，进水口分两层取水，表层进水口底高程为250m，设拦污栅与检修闸门共槽，拦污栅与检修闸门尺寸为5.5m×6.5m（宽 × 高），过栅流速为1.2m/s，清污平台同样设在进水塔顶部。底层进水口底高程为223m，设拦污栅与工作闸门各一扇，拦污栅尺寸为5.5m×6.5m（宽 × 高），工作闸门尺寸为5.5m×4.8m（宽 × 高）。工闸门下游6.2m处设事故闸门一扇，孔口尺寸为3.5m×3.5m（宽 × 高）。检修闸门、工作闸门与事故闸门均采用平板钢闸门，检修闸门为静水启闭，工作闸门和事故闸门均为动水启闭。在工作闸门下游侧压力管进口顶部设置两个直径为0.8m的通气孔通至进水塔顶部，至269.5m高程（高于校核水位268.75m）往左、右两侧水平通出。进水口的拦污栅、检修闸门、工作闸门和事故闸门均共用一辆台车式启闭机操作。清风口水利枢纽的坝式进水口设计标准与坝体相同，为2级建筑物，进水口顶部高程与坝顶高程相同，为271.5m，平台宽10.2m、长20m并作为拦污栅的清污平台以及闸门的检修平台使用，平台上布置台车式启闭机。

（3）分层取水效果分析。本工程建成后，水库下泄低温水主要影响下游白浪河与梅梁河汇合口处到坝址之间约 4km 的河段；由于下泄低温水在流经 4km 后有白浪河和湟水水汇入，流量增加较大，汇合口以下江段受水温影响很小。根据工程调度运行计算，清风口水利枢纽库区坝前多年平均的各月水位变化为 243~263m。大部分月份可通过该表层进水口（下层工作闸门关闭）进行电站发电和生态补水，水库表层水温与下游河道水温基本一致，水库水体经过一段时间和距离的热量交换，已经达到水库下泄水温要求，对坝址下游鱼类的生长和繁殖影响不大。只有 1~4 月的多年平均水位低于表层进水口，但这几个月为冬末春初，当地气温较低，下游河道水温不高，与水库底层水水温律基本一致，此时通过开启下层工作闸口，从底层进水口取水满足发电和生态补水要求。根据上述分析，通过分层取水的方式，水库下泄水温全年在 10℃ ~24.5℃之间，与下游河道天然水温变化规律基本一致，满足生态环保对工程提出的水温下泄要求，达到了预期目的。水库建设为人们带来防洪、发电、航运、供水等方面的综合效益，同时也给水环境等方面带来负面影响。清风口水利枢纽进水口设计通过对水库水温分层特点进行分析研究，结合水库所在地的水文气象，对水库进水口进行分层取水设计，减轻了水库下泄低温水对环境产生不利的影响，尽量发挥水利工程的优点，减少其副作用，确保了工程的建设任务顺利实现。

第三节　水电站无压进水口及沉沙池设计

一、水电站无压进水口设计的基本要求

水电站无压进水口内水流为明流，以引表层水为主，进水口后一般接无压引水道。无压进水口适用于无压引水式电站，作用是控制水量与水质并保证使发电所需水量以尽可能小的水头损失进入渠道。水电站无压进水口设计包括进水口位置、拦污设施以及拦沙、沉沙、冲沙设施等内容。

（1）进水口位置设计。正确地选择进水口的位置可以使水流平顺、水头损失减少，同时还可以减轻泥沙和冰凌的危害。无压进水口上游一般无大水库，河中流速较大（尤其是洪水期），泥沙、污物等可顺流而下直抵进水口前，这种平面上的回流作用常使漂浮物堆积于凸岸，剖面上的环流作用则将底层泥沙带向凸岸，而使上层清水流向凹岸。因此，进水口应布置在河流弯曲段凹岸。

（2）拦污设施设计。进水口一般均设拦污栅或浮排以拦截漂浮物。当树枝、草根等污物较多时常可设粗、细两道拦污栅，当河中漂木较多时则可设胸墙拦阻漂木。

（3）拦沙、沉沙、冲沙设施设计。水电站无压进水口应能防止有害泥沙进入引水道（以

免淤积引水道、降低过流能力以及磨损水轮机转轮和过流部件等）。水电站无压进水口前常设拦沙坎以截住沿河底滚动的推移质泥沙（并通过冲沙底孔或廊道将其排至下游）。

二、沉沙池设计的基本要求

多泥沙河流水电站为避免大颗粒泥沙进入水轮机，通常在无压进水口后修建沉沙池。沉沙池的基本原理是通过加大过水断面，借助分流墙或格栅形成均匀的低速区以减小水流挟沙能力，从而使有害泥沙沉积在池内而让清水进入引水道。沉沙池内水流平均流速一般宜为0.25~0.70m/s（具体可视有害泥沙粒径确定），沉沙池要有足够的长度以确保沉沙效果。沉沙池内沉积的泥沙要及时排除（可采用冲沙廊道冲沙，冲沙方式通常有连续冲沙、定期冲沙及机械排沙3种）。定期冲沙的沉沙池，当泥沙淤积到一定深度时可关闭池后进入引水渠的闸门、打开冲沙道的闸门以降低池中水位，然后向原河道中冲沙。为不影响发电可将沉沙池做成数个并列的沉沙道定期轮换冲沙。机械排沙则是指用挖泥船等排除沉积的泥沙。

第六章　水电站引水道建筑物设计

第一节　水电站引水道的特点及设计要求

水电站引水道的作用是集中落差、形成水头、将水流输送到水电站厂房，然后将发电后的水流（称为尾水）排到原河道。引水道大致可分为无压引水道和有压引水道两大类。无压引水道的特点是具有自由水面，引水道承受的水压不大，适用于无压引水式水电站（其河道或水库的水位变化不大），无压引水道最常用的结构形式是渠道和无压隧洞。渠道常沿山坡等高线布置，由于受地形及地质条件制约，其长度和开挖工程量一般较大且运行期内要经常进行维护、修理，但由于其在地表面施工故比较方便，中、小型电站常采用渠道引水方式。某些特殊情况下（比如遇到崎岖山坡等）可能无法沿着不规则的等高线布置引水道，故对较深的峡谷可采用渡槽越过；对较浅的峡谷则可用倒虹吸穿越；而对山岭则采用无压隧洞穿过。有压引水道的特点是引水道内为压力流，承受的水压力较大，适用于有压引水式水电站（其河道或水库水位变幅较大），有压隧洞是有压引水道最常用的结构形式（它可以利用岩体承受内水压力和防止渗漏），有压用水道在特殊情况下可采用压力管道。

一、水电站引水渠道设计

（1）水电站引水渠道设计的基本要求。水电站的引水渠道与一般灌溉和供水渠道不同。电网中一天负荷变化很大，水电站一般起调峰作用，其引用流量随负荷变化而变化，因此，通常将水电站的引水渠道称为动力渠道。水电站引水渠道应满足三个基本要求：输水能力足够，当电站负荷发生变化时，机组的引用流量也会随之变化。为使引水渠道能适应由于负荷变化而引起的流量变化要求，渠道必须有合理的纵坡和过水断面。一般可按水电站的最大引用流量 Q_{max} 设计。水质符合要求，即应防止有害污物和泥沙进入渠道，渠道进口、沿线及渠末都要采取拦污、防沙、排沙措施。运行安全可靠，即应尽可能减少输水过程中的水量和水头损失，故渠道要有防冲、防淤、防渗漏、防草、防凌等功能。渠道内水流速度要小于不冲流速而大于不淤流速，渠道的渗漏要限制在一定范围内（过大的渗漏不仅会造成水量损失而且会危及渠道安全），渠道中长草会增大水头损失、降低过水能力（故在易长草季节应维持渠道中的水深大于 1.5m 及流速大于 0.6m/s，这样可抑制水草的生长），渠道中加设护面既可减小糙率又可防渗、防冲、防草并有利于维护边坡稳定、保证电站出力（但工程造价会相应增加）。严寒季节水流中的冰凌会堵塞进水口的拦污栅，为防止冰凌的生成可暂时降低水电站出力，使渠道流速小于 0.45~0.60m/s 并迅速形成冰盖（为了保护冰盖，渠内流速应限制在 1.25m/s 以下并应防止过大的水位变动）。在进行水电站引水渠道线路选择时，主要应考虑沿线的地质和地形条件（一般应选择在岩体稳定性较好、渗透性和风化较弱的区域），以下 5 种情况下不宜选择无压引水渠道方案：山坡不稳定、山坡过陡、渠道以上的山坡右不稳定山体（或常有石块滚落下来）、有可能发生雪崩部位、气候严寒且冰冻期较长（渠中水流有冰冻的可能）。在遇到上述这些问题时可采用相应的工程措施（比如将渠道局部封闭等）。

（2）水电站引水动力渠道的类型。目前，水电站引水动力渠道一般有非自动调节渠道和自动调节渠道两类。

①非自动调节渠道。非自动调节渠道的渠顶大致平行渠底，渠道的深度沿途不变，在渠道末端的压力前池中设有泄水建筑物（溢流堰）。当水电站的引用流量等于渠道设计流量时，水流处于均匀流状态、水面线平行渠底、渠内为正常水深、压力前池水位低于堰顶，当电站引用流量小于渠道设计流量时水面线为壅水曲线、水位超过堰顶并开始溢流，当水电站引用流量为零时通过渠道的全部流量泄向下游。非自动调节渠道的优点是渠顶能随地形而变化，当渠道较长、底坡较陡时工程量比较小，溢流堰可限制渠末的水位以保证向下游供水。非自动调节渠道的缺点是若下游无用水要求而进口闸门又不能及时关闭时会造成大量无益弃水。

②自动调节渠道。自动调节渠道的渠道首部堤顶和尾部堤顶的高程基本相同并高出上游最高水位，渠道断面向下游逐渐加大，渠末不设泄水建筑物。当水电站的引用流量为零时，渠道内水位是水平的且渠道不会发生漫流和弃水现象，当水电站引用流量小于渠道设计流量时渠道内出现壅水曲线，当水电站引用流量大于渠道设计流量时渠道内为降水曲线。自动调节渠道在最高水位和最低水位之间有一定的容积，从而可在一定程度上起到自动调节的作用，为电站适应负荷变化创造了条件（但工程量较大）。

（3）渠道的断面尺寸。水电站引水渠道一般在山坡上采用挖方、回填或半挖半填的方式修建，其断面形状也多种多样（有梯形、矩形等，以梯形最为常见）。水电站引水渠道边坡坡度取决于地质条件及衬砌情况，在岩石中开凿出来的渠道边坡可近于垂直而成为矩形断面，在选择断面形式时应尽力满足水力最佳断面同时还要考虑施工、技术方面的要求，应确定合理实用的断面。确定水电站引水渠道断面尺寸时，首先应在满足防冲、防淤、防草等技术条件基础上拟订几个可能的方案，然后经过动能及经济比较选出最优方案（经过动能及经济计算后得到的渠道断面 *Fe* 称为经济断面）。我国的工程实践表明，渠道的经济流速 *Ve* 为 1.5~2.0*m/s*，故可根据 $Fe=Q_{max}/ye$，粗略估算渠道的基本参考尺寸。

（4）渠道的水力计算。渠道水力计算的主要任务是根据设计流量选定断面尺寸、糙率、纵坡和水深。

非恒定流计算的目的是研究水电站负荷变化时渠道中水位和流速的变化过程，计算内容包括水电站突然丢弃负荷时渠道涌波的计算（求出渠道沿线的最高水位以确定堤顶高程）；水电站突然增加负荷时渠道的涌波计算（求出最低水位以确定压力管道进口高程）。在任何情况下，压力管道进口不得露出水面。

二、水电站引水隧洞设计

发电隧洞是水电站最常见的输水建筑物之一。发电隧洞按作用的不同，可分为引水隧洞和尾水隧洞；根据隧洞工作条件的不同，又可分为有压隧洞和无压隧洞。发电引水隧洞多数是有压的，而尾水隧洞则以无压洞居多。

（1）发电隧洞路线选择。发电隧洞的线路选择是水电站设计中的重要内容，关系到隧洞的造价、施工难易、施工安全、工程进度和运用可靠性等。发电隧洞线路选择要和进水口、调压室、压力管道及厂房位置联系起来综合考虑，必须在认真勘测的基础上拟订各种不同方案，经过技术经济比较后确定最终方案。在满足水电站枢纽总体布置前提下，隧洞线路布置的总原则是“洞线短、弯道少，沿线工程地质、水文地质条件好，便于布置施工平洞”。

①地形条件要求。隧洞进出口处地形宜陡，进出口段应尽量垂直地形等高线，其洞顶围岩厚度应不小于 1.0 倍开挖洞径，洞身的埋藏深度应满足洞顶以上围岩重量大于洞内静水压力的要求（拟利用围岩抗力时围岩厚度应不小于 3.0 倍开挖洞径），要利用山谷等有利地形布置施工支洞。

②地质条件要求。隧洞线路应布置在地质构造简单、山岩比较完整坚固、山坡稳定的地区，应尽量避开不利的地质构造（比如断层、破碎带和可能发生滑坡的不稳定地段），同时应尽量避开山岩压力很大、渗水量很大的岩层。当洞线与岩层、构造断裂面及主要较弱带相交时其夹角应尽量靠近 90°，在整体块状结构的岩体中其夹角不宜小于 30°，在层状岩体中（特别是层间结合疏松的高倾角薄岩层）其夹角不宜小于 45°。隧洞的进出口在开挖时易于塌方，在运用中也容易受地震破坏，因此应选择覆盖或风化层浅、岩石比较坚固完整的地段，以避免施工和运用中发生塌方、堵塞洞口的事故（如果无法避开则可以通过结构设计和施工措加以改善）。

③施工条件要求。对于长隧洞，洞线选择时还应考虑设置施工支洞问题（以便增加

施工工作面、改善施工条件、加快施工进度），有压隧洞要设 0.3%~0.5% 的纵坡以利于施工排水及放空隧洞，

④水力条件要求。发电隧洞洞线应尽可能直，应少转弯（必须转弯时其弯曲半径一般应大于 5 倍洞径且转角不宜大于 60°）以使水流平顺并减小水头损失。

（2）发电隧洞的水力计算。有压隧洞的水力计算包括恒定流及非恒定流两种。恒定流计算的目的是研究隧洞断面、引用流量及水头损失之间的关系以便确定隧洞尺寸。非恒定流计算的目的是求出隧洞沿线各点的最大、最小内水压力值。首先求出调压室内的最高及最低水位，水库水位与调压室内的最高水位的连线即为隧洞的最大内水压力坡降线（据此可确定隧洞衬砌的设计水头），水库的低水位与调压室最低水位的连线即为隧洞最小内水压力坡降线，隧洞顶各点高程应在最低压坡线之下并有 1.5~2.0m 的压力余幅（以保证洞内不出现负压）。当隧洞末端无调压室时其非恒定流计算即为水击计算。应避免在隧洞中出现时而无压时而有压的不稳定工作状态。

（3）发电隧洞的断面尺寸设计。发电隧洞常见的隧洞断面形式有圆形、城门洞形、马蹄形及高拱形 4 类。有压隧洞常采用圆形断面。无压隧洞当地质条件良好时，通常可采用城门洞形，若洞顶和两侧围岩不稳则可采用马蹄形，若洞顶岩石很不稳定则应采用高拱形。发电隧洞的断面尺寸应根据动能及经济计算选定，不太重要的工程常可借助经济流速控制。

第二节　水电站压力前池与日调节池的设计

水电站压力前池应设置在引水渠道或无压隧洞的末端，是水电站无压引水建筑物与压力管道的连接建筑物。

一、压力前池的作用

压力前池的作用主要体现在以下 4 个方面：

（1）平稳水压、平衡水量。当机组负荷发生变化时，引用流量的改变会使渠道中的水位产生波动，由于前池有较大的容积故可减少渠道水位波动的振幅、稳定发电水头。另外，前池还可起到暂时补充不足水量和容纳多余水量的作用，以适应水轮机流量的改变。

（2）均匀分配流量。从渠道中引来的水经过压力前池能够均匀地分配给各压力管道，管道进口应设控制闸门。

（3）渲泄多余水量。当电站停机时向下游供水。

（4）拦阻污物和泥沙。前池设有拦污栅、拦沙、排沙及防凌等设施，可防止渠道中漂浮物、冰凌、有害泥沙进入压力管道以保证水轮机正常运行。

二、压力前池的组成

压力前池由前室（池身及扩散段）、进水室及设备、溢水建筑物、放水和冲沙设备、拦冰和排冰设备等组成。

（1）前室（池身及扩散段）。压力前池前室是渠末和压力管道进水室间的连接段，由扩散段和池身组成。扩散段可保证水流平顺地进入前池并减少水头损失。池身的宽度和深度受高压管道进口的数量和尺寸控制（以满足进水室要求）。

（2）进水室及其设备压力。前池进水室是指压力管道进水口部分（通常采用压力墙式进水口），进口处设有闸门及其控制设备、拦污栅、通气孔等设施。

（3）溢水建筑物。当水电站以较小的流量工作或停机时多余的水量会由溢水建筑物泄走（以防止前池水位漫过堤顶并保证向下游供水）。溢水建筑物一般由溢流堰、陡槽和消能设施等组成。溢流地应紧靠前池布置，其形式可分为正堰和侧堰两种。溢流堰堰顶一般不设闸门（水位超过堰顶时前池内的水就自动溢流）。

（4）放水和冲沙设备。从引水渠道带来的泥沙会沉积在前室底部，因此在前室的最低处应设冲沙道并在其末端设控制闸门（以便定期将泥沙排至下游）。冲沙道可布置在前室的一侧或在进水室底板下做成廊道。冲沙孔的尺寸一般应不小于 1 ㎡，廊道的高度应不小于 0.6m，冲沙流速通常应为 2~3m/s。冲沙孔有时可兼做前池的放水孔（以便在前池检修时用来放空存水）。

（5）拦冰和排冰设备排冰道只有在北方严寒地区才设置，排冰道的底板应在前池正常水位以下并用叠梁门进行控制。

三、压力前池的布置原则

压力前池的布置与引水道线路、压力管道、电站厂房及本身的溢水建筑物等有密切联系，因此，应根据地形、地质和运行条件并结合整个引水系统及厂房布置进行全面和综合的考虑。前池的整体布置应使水流平顺、水头损失最少（以提高水电站的出力和电能），前池的整体布置应能使渠道中心线与前池中心线平行或接近平行，前室断面应逐渐扩大，平面扩散角不宜大于 10°，前池底部坡降的扩散角也不大于 10°。前池应尽可能靠近厂房以缩短压力管道的长度，前池中的水流应均匀地向各条压力管道供水（以使水流平顺、无漩涡发生），前池在运行方面应力求清污、维护、管理方便（同时还应使泄水与厂房尾水不发生干扰）。前池应建在天然地基的挖方中，而不应设置在填方或不稳定地基上（以防由于山体滑坡和不均匀沉陷导致前池及厂房建筑物的破坏）。

第七章　水电站压力管道设计

第一节　水电站压力管道的功用、类型与要求

水电站压力管道是从水库、压力前池或调压室向水轮机输送水量的水管，一般为有压状态。水电站压力管道的特点是集中了水电站大部分或全部的水头，坡度较陡、内水压力不同时还要承受动水压力的冲击（水占压力）。另外，因其靠近厂房，一旦发生破坏会严重威胁厂房安全。鉴于以上原因，水电站压力管道是极具特殊重要性的器件，故对其材料、设计方法和加工工艺等都有许多特殊要求。压力管道的主要荷载为内水压力，管道的内直径（m）和其承受的水头（m）及其乘积（HD 值）是标志压力管道规模及技术难度的重要参数，目前最大直径的钢管是巴基斯坦塔贝拉水电站第三期扩建工程的隧洞内明敷钢管（直径 13.26m）。HD 值很高的水电站压力管道多见于抽水蓄能电站（目前最高值已超过 5000 ㎡）。

水电站压力管道可按布置形式和所用材料的不同进行分类，压力管道的常见类型见表 8-1。其中，明管适用于引水式地面厂房，地下埋管多为引水式地面或地下厂房采用，混凝土坝身管道则只能在混凝土坝式厂房中使用。由于钢材强度高、防渗性能好，故钢管或钢衬混凝土衬砌管道主要用于中、高水头水电站，而钢筋混凝土管则适用于普通中、小型水电站。除了表 8-1 中所列的压力管道类型外，可用作水电站压力管道的还有回填管（多用于尾矿坝排水管）、土坝下埋管、木管、铸铁管等（这些类型的管道目前在大、中型水电站中已基本不用，但在小型水电站中有时还能见到）。

表8–1　压力管道的常见类型

结构形式	使用材料及构造特点
明管或称露天式，是指布置在地面上的水电站压力管道	为钢管或钢筋混凝土管
地下埋管是指埋入地下山岩中的水电站压力管道	不衬砌、锚喷或混凝土衬砌、钢衬混凝土衬砌，为聚酯材料管
混凝土坝身管道是指依附于坝身的水电站压力管道，通常包括坝内管道、坝上游面管、坝下游面管等几个部分	多为钢筋混凝土结构、钢衬钢筋混凝土结构、预应力钢筋钢对混凝土结构等

（1）钢管。用作水电站压力管道的钢管按其自身的结构可分为无缝钢管、焊接钢管、箍管3类。无缝钢管直径较小，适用于高水头小流量的情况。焊接钢管适用于较大直径的情况，焊接钢管通常是由弯成圆弧形的钢板焊接而成。当HD > 1000 ㎡时，钢板厚度一般会超过40mm，此时加工比较困难，故在这种情况下常采用箍管。箍管是在焊接管或无缝钢管外套以无缝的钢环（钢箍，称为加劲环）制成的，箍管可使管壁和钢箍共同承受内水压力，因此可以减小管壁钢板的厚度。用作水电站压力管道的钢管所使用的钢材应根据钢管结构形式、钢管规模、使用温度、钢材性能、制作安装工艺要求以及经济性等因素参照相关设计规范选定。

（2）钢筋混凝土管。用作水电站压力管道的钢筋混凝土管具有造价低、刚度较大、经久耐用等多种优点，通常主要用于内压不高的中、小型水电站。用作水电站压力管道的各类钢筋混凝土管，除了普通的钢筋混凝土管外，还有预应力钢筋混凝土管、自应力钢筋混凝土管、钢丝网水泥管、预应力钢丝网水泥管等。普通钢筋混凝土管适用于HD < 50nf的情况，预应力和自应力钢筋混凝土管的HD可达到200 ㎡，而预应力钢丝网水泥管因其抗裂性能好，故其HD可超过300 ㎡。

（3）钢衬钢筋混凝土管。用作水电站压力管道的钢衬钢筋混凝土管是在钢筋混凝土管内衬钢板制成的，在内水压力作用下钢衬与钢筋混凝土联合受力（从而可以减小钢板的厚度），用作水电站压力管道的钢衬钢筋混凝土管适用于HD较高的情况，由于钢衬可以防渗、外包的钢筋混凝土允许开裂，故该类管道有利于充分发挥钢筋的作用。

第二节　水电站压力管道的线路选择及尺寸拟定

一、水电站压力管道的供水方式

目前，水电站通过压力管道向多台机组供水的方式主要有3种，即单元供水、联合供水、分组供水。水电站压力管道钢管的首部快速闸门（阀）和事故闸门（阀）必须在中央控制室和现场设置操作装置并要求有可靠的电源为其供电。

（1）单元供水即单管单机工况，其特点是每台机组都有一条压力管道供水、不设下阀门。其优点是结构简单（无岔管）、工作可靠、灵活性好（当某根管道检修或发生事故时只影响一台机组工作，其他机组照常工作），另外，单元供水的管道易于制作（无岔管）。其缺点是管道在平面上所占尺寸大、造价高。单元供水方式适用于单机流量大或长度短的地下埋管或明管（混凝土坝身管道也常采用这种供水方式）。

（2）联合供水即一管多机工况，其特点是一根主管向多台机组供水，在厂房前分岔，在进入机组前的每根支管上设快速阀门。其优点是单管规模大、分岔管多、布置容易。其缺点是造价较高。另外，一旦主管道检修或发生事故需全厂停机。联合供水方式适用于单机流量小、机组少、引水管道较长的引水式水电站（原因是地下埋管中开挖距离相近的几根管井多有一定困难，故常采用这种方式）。

（3）分组供水即多管多机工况，其特点是设多根主管，每根主管向数台机组供水，在进入机组前的每根支管上设有快速阀门。其优点介于上面两种供水方式之间，适用于压力水管较长、机组台数多、单机流量较小的地下埋管和明管。

二、水电站压力管道明管布置的基本方式

水电站压力管道与主厂房的关系主要取决于整个厂区枢纽布置中各建筑物的布置情况，目前常采用的明敷钢管引进厂房的方式有 3 种，即正向引近、纵向引近、斜向引近。

（1）正向引进见图 8-1（a）和（b），管道的轴线与电站厂房的纵轴线垂直。其工作特点是水流平顺、水头损失小、开挖量小、交通方便，其缺点是钢管发生事故时会直接危及厂房安全。正向引进适用于中、低水头电站。

（2）纵向引进见图 8-1（c）和（d），管道的轴线与电站厂房的纵轴线平行。其工作特点是一旦钢管破裂时可以避免水流直冲厂房，其缺点是水流条件不太好、增加了水头损失且开挖工程量较大。纵向引进适用于高、中水头电站。

（3）斜向引进见图 8-1（e），其管道的轴线与电站厂房的纵轴线斜交。其工作特点介于上述两种布置方式之间。斜向引进常用于分组供水和联合供水的水电站。

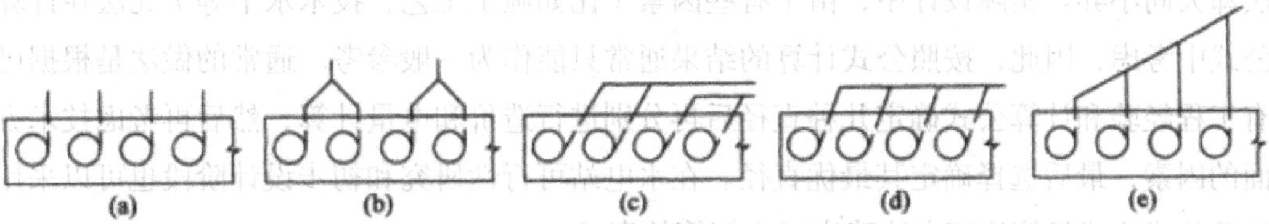

图8-1　水电站压力水管引进厂房的方式

三、水电站压力管道线路选择的基本要求

水电站压力管道的线路选择应结合引水系统中其他建筑物（前池、调压室）和水电站厂房的布置统一考虑，应选择在地形和地质条件均优越的地段。明敷钢管线路选择的一般原则有以下 4 点：①管道路线应尽可能短而直以降低造价、减少水头损失、降低水击压力、改善机组运行条件（因此，地面压力管道一般应敷设在陡峻的山脊上）；②应选择良好的地质条件（通常要求山体应稳定、地下水位要低，应避开山崩、雪崩以及沉

陷量很大的地区和洪水集中的地区，应避开村镇居民区和交通道路等。若无法满足上述要求则要有切实可行的防护措施，若不能避开村镇居民区还要考虑工程对环境的影响）；③应尽量减小管道线路的上下起伏和波折并避免出现负压，需要在平面上转弯时其转弯半径可采用 2~3 倍管道直径（D）并应尽量避免与其他管道或交通道路交叉；④水头高、线路长的管线要满足钢管运输安装以及运行管理、维修等方面的交通要求。另外，为避免钢管一旦发生意外事故时危及电站设备和人身安全，还需要设置事故排水和防冲工程设施，遇到与水渠、道路、输电线、通信线路等交叉情况时，要设置必要的交叉建筑物和防护设施，通常情况下要沿管线设置交通道路并应有照明设施（应根据工程具体情况在交通道路沿线设置休息平台、扶手栏杆、越过钢管的爬梯或管底通道等）。对地下埋管，其线路也应选择在地质和地形条件优越的地区，岩石应尽量坚固、完整并要有足够的上覆岩石厚度以利用围岩承担内水压力，埋管轴线要尽量与岩层构造面垂直并避开活动断层、滑坡、地下水压力和涌水量很大的地带（以避免钢衬在外水压力作用下失稳），同时还应注意施工方面的便利性，其进水口应选择在相对优良的地段，若选用多根管道其相邻管道间的岩体要满足施工期和运行期的稳定及强度要求。

四、水电站压力管道直径的选择要求

水电站压力管道直径的确定是压力管道设计的主要内容之一。管道直径越小，管道的用材和造价越低（但管道中的流速也就越高，水头损失和发电量损失也越大）。因此，管道直径的确定不仅是一个技术问题还是一个经济问题，故应通过技术经济比较后确定。目前国内外计算压力钢管经济直径的理论公式和经验公式很多，但其基本原理和基本方法却大同小异。实际设计中，由于有些因素（比如施工工艺、技术水平等）无法在计算公式中考虑，因此，按照公式计算的结果通常只能作为一般参考。通常的做法是根据已有工程经验和计算公式确定几种直径后再分别进行造价和电量计算，然后再考虑技术方面的因素，最后选择确定其最优直径。在水电站可行性研究和初步设计阶段也可以采用经验公式法或经济流速方法确定压力钢管的直径。

第三节 水电站明敷钢管的敷设方式及附件

一、水电站明敷钢管的敷设及支承方式

由于水电站明敷钢管一般长度都很长，所以常需分段敷设，即在直线段每隔 120~150m 或在钢管轴线转弯处（包括平面转弯和立面转弯）设置镇墩以固定钢管（以

防止钢管发生位移）。在两镇墩间应设置伸缩节（其作用是当温度发生变化时管身可以自由伸缩从而减小温度应力）。伸缩节一般应放在镇墩的下游侧。镇墩之间的管段应用一系列等间距的支墩支承，支墩的间距应通过钢管应力分析确定（并应考虑钢管的安装条件、地基条件和支墩形式，且应经技术经济比较后确定）。靠近伸缩节的一跨其支墩间距可缩短一些。管身距地应不小于 60cm（以便维护和检修）。采用这种敷设方式的水管受力明确（在自重和水重作用下水管相当于一个多跨连续梁，镇墩将水管完全固定，相当于梁的固定端）。

1. 镇墩

镇墩的作用是靠本身的质量固定钢管并承受因水管改变方向而产生的轴向不平衡力以防止水管产生位移。镇墩通常由混凝土浇制制成，混凝土强度等级一般应不低于 C15，寒冷地区的墩底基面应深埋在冻土线以下。常见的镇墩有封闭式和开敞式两种形式。

（1）封闭式。封闭式镇墩其钢管被埋在封闭的混凝土体中，镇墩表层需布置温度筋，钢管周围应设置环向筋和一定数量锚筋。这种布置方式结构简单、节约钢材、固定效果好，故应用较广泛。

（2）开敞式。开敞式镇墩利用锚栓将钢管固定在混凝土基础上，镇墩处管壁受力不均匀、锚环施工复杂，其优点是便于检查、维修。目前这种镇墩在我国已很少采用。

2. 支墩

支墩的作用是承受水重和管重的法向分力（相当于连续梁的滚动支承），支墩允许水管在温度变化时轴向自由移动，目前按支墩上的支座与管身相对位移特征的不同，有以下 3 种形式：

（1）滑动式支墩钢管。滑动式支墩又可分为无支承环鞍形支墩、有支承环鞍形支墩和有支承环滑动支墩 3 种。无支承环鞍形支墩，是将钢管直接支承在一个鞍形混凝土支座上，其包角 β 在 90°~120° 之间。为减少管壁与支座间的摩擦力，可在支座上铺设钢板并在接触面上加润滑剂，这种支墩结构简单但管身受力不均匀、摩擦力大，这种支墩结构适用于管径 1m 以下的钢管。有支承环滑动支墩，其支承环放在金属的支承板上，其比前两种支墩的摩擦力更小，适用于管径 1~3m 的钢管。

（2）滚动式支墩。滚动支墩在支承环与墩座之间加了圆柱形短轴，钢管发生轴向伸缩时轻轴滚动（摩擦系数约为 0.1），适用于竖向荷载较小而管径大于 2m 的钢管。

（3）摆动式支墩。摆动支墩在支承环与支承面之间设置了一个摆动短柱（短柱下端与支承板铰接，上端以圆弧面与支承环的承板接触），当钢管沿轴向伸缩时短柱以铰为中心前后摆动（其摩擦力很小，故能承受较大的竖向荷载），摆动支墩适用于管径大于 2m 的钢管。

二、水电站明敷钢管上的闸门和附件形式

（一）水电站明敷钢管上的闸门及阀门选择

在水电站压力水管的进口处一般都设置有平板闸门（以便在压力管道发生事故或检修时用以切断水流），平板闸门价格便宜、构造简单、便于制造，故常被用来代替阀门。对上游有压力前池或调压室的明管，为在发生事故时能紧急关闭和检修放空水管的需要，通常在钢管进口处也要设置闸门（闸门应装在压力前池或调压室内）。阀门一般应设置在紧靠压力管道的末端（水轮机蜗壳进口处的钢管上）。在分组供水和联合供水时为避免一台机组检修而影响其他机组的正常运行（或在调速器、导水叶发生故障时紧急切断水流）防止机组产生飞逸，应在每台机组前设置阀门（通常称为下阀门）。坝内理管长度较小时只需在进口处设置闸门而不必设下阀门。有时虽是单独供水但水头较高、容量较大时也要设下阀门。水电站压力水管阀门的常见类型有平板阀、蝴蝶阀、球阀 3 种。

（1）平板阀。平板阀由框架和板面构成，阀体在门槽中的滑动方式与一般的平板闸门相似。平板阀一般借助电动或液压操作。这种阀门止水严密、运行可靠但需要很大的启闭力且动作缓慢，易产生汽蚀，常用于直径较小的水管。

（2）蝴蝶阀。蝴蝶阀通常由阀壳和阀体组成。阀壳为一短圆筒，阀体形似圆盘（在阀壳内绕水平或垂直轴旋转），阀门关闭时阀体平面与水流方向垂直，开启时阀体平面与水流方向一致。蝴蝶阀的操作有电动和液压两种（前者用于小型水电站，后者用于大型水电站）。这种阀门启闭力小、操作方便迅速、体积小、重量轻、造价较低，但在开启状态时由于阀门板对水流的扰动会造成附加水头损失以及阀门内出现汽蚀现象。另外，在关闭状态时其止水不严密，不能部分开启。蝴蝶阀适用于大直径、水头不高的情况。目前，蝴蝶阀应用最广（最大直径可达 8m 以上，最大水头可达 200m），蝴蝶阀可在动水中关闭但必须用旁通管平压后在静水中开启。

（3）球阀。球阀通常由球形外壳、可旋转的圆筒形阀体及其他附件组成。当阀体圆筒的釉线与水管轴线一致时阀门处于开启状态，若将阀体旋转 90° 而使圆筒一侧的球面封板挡住水流通路则阀门处于关闭状态。球阀的优点是在开启状态时实际上没有水头损失，止水严密，结构上能承受高压。球阀的缺点是尺寸、重量重、造价高。球阀适于做高水头电站的水轮机前阀门。球阀是在动水中关闭的但需用旁通阀平压后在静水中开启。

（二）水电站明敷钢管的主要附件

水电站明敷钢管的主要附件包括伸缩节、通气阀、进入孔、旁通阀、排水设施等。

（1）伸缩节。露天式压力钢管受到温度变化或水温变化影响时，为使管身能沿轴线自由伸缩以消除温度应力且适应少量不均匀沉陷的环境，常在上镇墩的下游侧设置伸

缩节。对伸缩节的基本要求是能随温度变化自由伸缩，能适应镇墩和支墩的基础变形而产生的线变位和角变位并应留有足够余度。伸缩节的形式较多，较常见的有套筒式伸缩节、压盖式限拉伸缩节、波纹管伸缩节、波纹密封套筒式伸缩节等。设在阀门处的伸缩节应便于阀门的拆卸并允许其产生微小的角位移。

（2）通气阀。通气阀常布置在阀门之后，当阀门紧急关闭时水管中的负压使通气阀打开向管内充气以消除管中负压，水管充水时管中空气从通气阀中排出然后再关闭阀门。

（3）进人孔。为方便检修工作通常应在钢管镇墩的上游侧设置进人孔，进人孔间距一般为 150m（不宜超过 300m），进人孔为圆形或椭圆形，其直径（或短轴）一般应不小于 45cm。为保证正常运行期间不漏水，进人孔盖与外接套管之间要设止水盘根。

（4）旁通阀。旁通阀通常设在水轮机进水阀门处（与闸门处的旁通管作用相同），作用是使阀门前后平压后开启以减小启闭力。

（5）排水设施。在压力水管的最低点通常应设置排水管，其作用是在检修水管时用于排出管中的积水和渗漏水。

另外，对严寒地区的明敷钢管还应有防止钢管本身及其附件结冰的保温措施。

第四节　作用在明敷钢管上的荷载及组合

通常情况下，水电站明敷钢管的结构设计状况分为持久状况、短暂状况和偶然状况 3 种。对这 3 种设计状况均应进行承载能力极限状态设计。另外，对持久状况还应进行正常使用极限状态设计，对短暂状况可根据需要进行正常使用极限状态设计，对偶然状况可不进行正常使用极限状态设计。所谓承载能力极限状态是指钢管结构或构件或达到最大承载能力（或丧失弹性稳定、或出现不适合于继续承载的变形）的情形，而正常使用极限状态则是指钢管结构或构件达到正常使用或耐久性能的某项规定限值。根据我国设计规范对明敷钢管要求进行承载能力极限状态验算，其内容包括主要结构构件的承载能力计算以及管壁和加劲环的抗外压稳定计算（如有必要，还应进行镇墩和支墩抗倾、抗滑及抗浮验算；若有抗震要求，则还应进行抗震承载能力计算）。

一、荷载计算及其分项系数

对明敷钢管来讲，按荷载的作用方向不同，可以将其分为轴向力、径向力和法向力 3 种，每种荷载都有其不同的作用。分项系数荷载计算式中的各个变量要计入作用分项系数，各个符号的单位同前。上段和下段分别是指镇墩上游侧和下游侧管段（管段从伸缩节断开），顺和逆分别表示发电工况顺水流方向和逆水流方向，序号作用力及顺水流抬高的管段的其他作用力指向应根据具体情况判断。

二、荷载组合

钢管结构设计应根据承载能力极限状态的要求对不同设计状况下可能同时出现的作用进行相应的作用效应组合。

第五节　明敷钢管的结构分析方法

一、明敷钢管管壁厚度的估算

在进行明敷钢管设计时需要先设定管壁厚度，由于内水压力在管壁上产生的环向应力是其主要应力，因此人们常用锅炉公式来初拟管壁厚度。锅炉公式取单位长度承受较高水头的压力钢管，将其沿水平直径切开，由力的平衡条件可以得出管壁中的环向拉应力。

二、明敷钢管的管身应力分析

前已叙及，明敷钢管通常是敷设在一系列支墩上的，为改善钢管的受力条件及保持管壁的外压稳定，有时需要在管壁上加设支承环和加劲环。钢管承受的荷载分为径向力、轴向力、法向力，可以利用叠加原理对其进行应力分析。在管重和水重作用下钢管相当于一根连续梁，在轴向力作用下钢管可当作轴向受压构件计算，而径向力作用只会引起钢管的环向变形。根据受力特点，管身的应力分析可选择四个基本断面，断面在跨中，只有弯矩作用且弯矩最大、剪力为零、无局部应力，受力最简单；断面位于支承环旁管壁膜应力区的边缘，弯矩和剪力共同作用，无局部应力，受力比较简单；断面是加劲环及其旁管壁，由于加劲环的约束，存在局部应力；断面是指支承环及其旁管壁，应力最复杂，弯矩和剪力（支承反力）共同作用，存在局部应力。

三、明敷钢管极限状态验算

明敷钢管为三维受力状态，故计算出各个应力分量后应按强度理论进行极限状态验算，若验算结果不满足要求则应重新调整管壁厚度或支墩间距重新计算，直到满足要求为止。

第六节　明敷钢管的抗外压稳定设计

钢管是一种薄壁结构，可以承受较高的内压，但承受外压力的能力较差。水电站机组运行过程中，由于负荷变化会产生负水击从而使管道内产生负压（或者管道放空时通气孔失灵而在管道内产生真空），当管道内部产生真空或负压时管壁就可能在外部大气压力作用下丧失稳定（管壁会被压瘪），因此必须根据钢管处于真空中状态时不至于产生不稳定变形的条件来校核水电站明敷钢管管壁的厚度（或采取其他工程措施）。

水电站明敷钢管的设计步骤主要有 4 步，即首先根据锅炉公式，并考虑诱蚀厚度初步拟定管壁厚度（但在应力和稳定计算中不计锈蚀厚度）；再由管壁厚度用光滑管外压稳定计算公式进行外压稳定校核。如果不稳定可设置加劲环（也可用支承环代替）并选定其间距然后再根据加劲环抗外压稳定和横断面压应力小于钢管构件抗力限值的要求确定加劲环的尺寸；最后进行强度校核（如果不满足要求则应增加管壁厚度或缩小加劲环间距。然后重复上面的 4 个步骤直到满足要求为止）。

第七节　分岔管设计

采用联合供水或分组供水时（一根管道需要供应两台或更多机组用水时），需要设置分岔管，这种岔管通常位于厂房上游侧（其作用是分配水流）。有时，一条压力引水道需要分成两根以上的压力管道也需分岔管（分岔管通常位于调压井底部或调压井下游）。几台机组的尾水管往往在下游合成一条压力尾水洞，汇合处也需分岔管（不过水流方向相反）。上、下游压力引水道上的分岔管往往尺寸较大，但内压较低。目前，我国已经建成的水电站岔管大多数属于地下岔管且大多按明管设计（不考虑周围岩体的分担荷载）。下面以厂房前的分岔管为例介绍分岔管的设计方法。

一、分岔管设计的基本要求

一般来说，岔管的水流条件较差，引起的水头损失也较大。另外，岔管由薄壳和刚度较大的加强构件组成，其管壁厚、构件尺寸大（有时需锻造）、焊接工艺要求高、造价也较高。由于岔管受力条件差且所承受的静、动水压力最大并靠近厂房，因此其安全性十分重要。从设计和施工角度来讲，岔管应满足以下 5 条基本要求：①运行安全可靠。②水流平顺、水头损失小并应避免涡流和振动。试验研究表明，当水流通过岔管各断面的平均流速接近相等或水流缓慢加速（分岔前断面积大于分岔后面积之和）时可避免涡流并减少水头损失，分岔管宜采用锥管过渡（半锥角一般取 5°~10°）并宜采用较小的分岔角 β（常用范围为为 45°~60°）。③结构合理简单、受力条件好并不产生过大的应力集中和变形。④制作、运输、安装方便。⑤经济合理。以上水力学条件和结构、工艺的要求也常常互相矛盾（比如分岔角越小对水流越有利，但此时主支管相互切割的破口也越大，故对结构不利而且会增加岔裆处的焊接难度）。低水头电站应更多地考虑减少水头损失问题，高水头电站有时为使结构合理简单，可以容许水头损失稍大一些。

二、岔管的布置形式

岔管的典型布置有 3 种形式，即非对称 Y 形布置。如果要从主管中分出一支较小的岔管（或者两条支管的轴线因故不能做对称布置）时可以采用不对称的 Y 形布置。对称 Y 形布置，用于主管分成两个相同的支管（比如一管两机等）。三岔形布置用于主管直接分成三个相同的支管。若机组台数较多还可采用对称 Y 形—非对称 Y 形或对称 Y 形—三岔形组合布置。目前，我国已建钢岔管的布置形式中 Y 形布置居多，其原因除了 Y 形布置灵活简便外，还由于以往建造的钢岔管规模较小，采用贴边岔管较多的实际情况比较适合于 Y 形布置。岔管的主、支管中心线宜布置在同一平面内以使结构简单。主、支管管壁的交线称为相贯线，由于在相贯线处主支管互相切割，故常需要沿相贯线用构件加强，为便于加强构件的制造和焊接通常多希望相贯线是平面曲线（通过几何理论可以证明，相贯线是平面曲线的必要和充分条件是主支管应有一公切球）。如果主、支管的直径相差较大(或因其他原因)使主、支管公切于一个球有困难则相贯线将位于曲面上，沿相贯线的加强构件将是一个曲面构件，此时，计算、制造、安装等都比较困难。

三、岔管的结构形式

日前岔管的主要结构形式有三梁岔管、内加强月牙肋岔管、贴边式岔管、球形岔管、无梁岔管等。我国 20 世纪 50 年代建造的岔管，由于其尺寸及内压均不大故多为贴边式。20 世纪 60 年代，由于国内高水头电站的出现使梁式岔管应用增多。后来，随着钢管规模的增大，大直径、高内压的三梁岔管制作安装难度越来越大且技术经济指标逐渐下降，故开始采用月牙肋岔管（少数工程还采用了球形岔管和无梁岔管）。

（一）三梁岔管

在压力钢管的分岔处，由于管壳相互切割已不再是一个完整的圆形，在内水压力作用下管壁所承担的环向拉应力无法平衡，这样在主管与支管及支管间的相贯线上作用有主、支管壳体传来的环向拉力和轴力等复杂外力，因此，需要增加管壁厚度并用两根腰梁和一根 U 形梁进行加固（以使之有足够的强度和刚度）。以正 Y 形对称分岔为例，其主管一般为圆柱管、支管为徘管，沿两支管的相贯线用U形梁加强，沿主管和支管的相贯线则用腰梁加强，U形梁承受较大的不平衡水压力（是梁系中的主要构件），将U形梁和腰梁端部联结点做成刚性联结从而形成一个薄壳和空间梁系的组合结构（其受力非常复杂）。我国已建的数十个三梁岔管的结构试验证明，在管壁上实测的应力集中系数（实测应力与主管理论膜应力之比）为1.3~2.6，其中五个岔管U形梁插入管壁内20~100cm深其应力集中系数为1.3~,1.9，另两个岔管U形梁未插入管壁内其应力集中系数增加为2.4~2.6。因此，当没有计算分析和试验资料时，考虑到U形梁插入管壁内，则局部应力集中系数可取1.5~2.0。常用的加固梁断面为矩形或T形，在材料允许时应避免采用瘦高型截面（以矮胖型截面为好）。U形梁断面尺寸庞大，为改善其应力状态和布置情况、降低岔管壁的应力集中系数，U形梁应适当插入管壳内（插入深度在腰梁连接端为零，中部断面处最大），梁内侧应修网角并应设导流堵。三梁岔管的主要缺点是梁系中的应力以弯曲应力为主，材料的强度未得到充分利用，三个曲梁（特别是U形梁）常常需要高大的截面（不但浪费了材料，还加大了岔管的轮廓尺寸且可能还需要锻造，另外焊接后还需要进行热处理），由于梁的刚度较大故对管壳有较强的约束（从而使梁附近的管壳产生较大的局部应力），同时，在内压作用下由于相贯线垂直变位较小故用于埋管则不能充分利用围岩抗力。因此，三梁岔管虽有长期的设计、制造和运行的经验，但由于存在上述缺点，故不能认为是一种很理想的岔管。三梁岔管适用于内压较高、直径不大的明管道。

（二）内加强月牙肋岔管

内加强月牙肋岔管是国内外近年来在三梁岔管的基础上发展起来的新式岔管，目前在我国已基本取代了三梁岔管。如上所述，三梁岔管的U形梁插入管壳内能改善U形梁和管壳的应力状态，一般来讲，插入越深往往使应力越均匀。月牙肋岔管是用一个嵌入管体内的月牙形肋板来代替三梁岔管U形梁的并取消了腰梁。月牙肋岔管的主管为倒锥管，两个支管为顺锥管，三者有一公切球使相贯线成为平面曲线。内加强月牙肋岔管有下述3方面特点：月牙肋板只承受轴心拉应力而无弯曲应力，拉应力的分布比较均匀，其数值与邻近管壳上的拉应力相近。改善了水流条件使水头损失比一般岔管低许多（特别是对称流态情况可减少一半）。由于取消了外加固U形梁和腰梁，从而使岔管外形尺寸大为减小，对埋管可减少开挖工程量（由于外形规整，内水压力也易于通过管壳传给混凝土衬砌和围岩，从而使围岩的弹性抗力得到更好的发挥）。这种岔管在生产建设中通过理论分析、模型试验和原型观测已经积累了一些经验，可应用于大、中型电站。鉴于国内已建的大月牙肋岔管均为埋管，故对高水头、大直径的明管还应进行进一步的研究。

（三）贴边式岔管

贴边式岔管是在Y形布置的主、支管相贯线两侧用补强板加固形成的。补强板与管壁焊固形成一个整体（补强板可以焊固于管道外壁或内壁，或内外壁均有补强板）。与加固梁相比，补强板刚度较小，不平衡区的水压力由补强板和管壁共同承担。在内水压力作用下由于补强板刚度较小故有可能发生较大的向外的位移，因此常用于埋藏式岔管（其能把大部分不平衡水压力传给围岩）。贴边式岔管常用于中、低水头Y形布置的地下埋管，尤其是支、主管直径之比（d/D）在0.5以下时，如果d/D大于0.7则不宜采用贴边式岔管。加强板的宽度应不小于（0.12~0.18）D，其中D为主支管轴线相交处的主管直径。当采用内外补强板时宜取内、外层板宽度不等的形式。

（四）球形岔管

球形岔管是通过球面体进行分岔的，它是由球壳，圆柱形主、支管以及补强环和导流板等组成的。

在内水压力作用下，球壳应力仅为同直径管壳环向应力的一半，因此，这种岔管适用于高水头大、中型电站。球形岔管是国外采用比较多的一种成熟管型。球形岔管球壳所承受的荷载主要为内水压力、补强环的约束力和主、支管的轴向力，主、支管的轴向力对球壳应力有很大影响（在结构上应认真对待），垂直方向的支管应加以锚定（若为具有伸缩节的自由端，则管壁不能传递轴向力，作用于球壳上的轴向水压力将无法平衡），球壳厚度可按内水压力作用下球壳的膜应力来确定并应考虑热加工及锈蚀等余量，补强环与球壳斜接而与主、支管用焊接连接。从理论上讲，球壳在内压力作用下不产生弯矩，但是，在球壳与主、支管连接处由于结构的不连续性仍需用三个补强环进行加固。补强环上的作用荷载有球壳作用力、管壳作用力和补强环直接承受的内水压力，应力求使上述三种力通过补强环断面的形心（以使补强环为一轴心受拉网环而确保不使断面产生扭转）。球形岔管突然扩大的球体对水流不利，故为改善水流条件常在球壳内设导流板，导流板上设平压孔（因此不承受内水压力而仅起导流作用）。

（五）无梁岔管

无梁岔管是在球形岔管的基础上发展起来的。球形岔管利用球壳改善了结构的受力条件，球壳与主支管圆柱壳衔接处存在结构的不连续性故要加设三个补强环，补强环需要锻造且在与管壳焊接时要预热（球壳一般也要通过加热压制成形，有的球形岔管在制成后还需进行整体退火，因此工艺复杂），另外补强环与管壳刚度不协调的矛盾仍未解决。鉴于以上叙述，为了改善受力条件可以用直径较大的锥管和球壳沿切线方向衔接，从而使球壳只剩下上、下两个面积不大的三角形，然后在主、支管和这些锥管之间插入几节逐渐扩大的过渡段构成一个比较平顺的、无太大不连续接合线的体形，从而形成无梁岔管。无梁岔管是一种有发展前途的管形，能发挥与围岩共同受力的优点。

除了上述5种岔管外，国外的电站还采用了隔壁岔管。隔壁岔管由扩散段、隔壁段、变形段组成，各级皆为完整的封闭壳体，除隔壁外无其他加强构件，其受力条件很好，水流流态较优且不需要大的锻件。

第八节 水电站地下埋管设计

水电站地下埋管是指埋藏在地下岩层之中的管道，其施工过程是先在岩石中开挖隧洞并清理石硝、进行支护，然后再安装钢管，接着在钢管和岩石洞壁之间填混凝土，最后再进行接触灌浆。地下埋管在大型水电站中应用较多，根据其轴线方向的不同分为斜井和竖井两大类，也常被称为隧洞式压力管道或地下压力管道。

一、水电站地下埋管的布置要求及工作特点

地下埋管是我国大、中型水电站建设中应用最广泛的一种引水管道形式，国外装机容量在 1000MW 以上的水电站中采用地下埋管的占 45% 左右，原因是与明敷钢管相比地下埋管有一些突出的优点，这些优点主要表现在以下三方面：①布置灵活方便。地下埋管由于位于山体内部管线，位置选择较自由，与地面管线相比一般可显著缩短长度。对水电站管道而言，大多数情况下地下地质条件要优于地表并容易选择出地质条件好的线路，在不易修建明敷钢管的地方一般均可以布置地下埋管。通常情况下，地下厂房一般都全部或部分地采用地下埋管形式。另外，由于岩石力学和地下工程设计及施工技术水平的快速提高，修建压力竖井和斜井的技术业已成熟，在有些国家地下埋管的施工条件和费用已开始优于地面管道。②钢管与围岩共同承担内水压力从而可减小钢衬厚度。围岩分担内水压力的比例取决于岩石的性质。岩石坚硬、较完整时围岩可承担较大的内水压力（甚至可承担全部内水压力），钢板只起防渗作用。特大容量、高水头管道其 HD 值很大，采用明管技术难于实现，地下埋管就可以使问题迎刃而解。当埋管上覆岩石较薄（$< 3D$）、岩石质量不好时，设计中往往会不考虑岩石的承载能力而仅提高钢衬的允许应力。③运行安全。地下埋管的运行不受外界条件影响、维护简单、围岩的极限承载能力一般很高，另外，钢材又有良好的塑性，故管道的超载能力很大。当然，地下埋管也有一些缺点（比如构造比较复杂、施工安装工序多、工艺要求较高、施工条件较差、会增加造价等），另外，由于地下埋管所承受的外压力较大，故其外压稳定问题比较突出。由于围岩承担了一部分荷载，故地下埋管管壁较薄从而节省了钢材，但放空检修、施工期的灌浆压力以及水库蓄水后地下水（外水压力）等很容易造成地下埋管的外压失稳破坏。实践证明，国内、外地下埋管破坏多数为外压失稳破坏。

地下埋管一般多采用联合供水方式（但若管道较短、引用流量较大、机组台数较多、分期施工间隔较长或工程地质条件不易开挖，对大断面洞井经技术经济比较后也可采用两根或更多的管道，用分组供水或单元供水方式向机组输水。相邻两管道之间应有足够的间距以保证其岩体的强度并防止出现失稳情况）。为保证地下埋管施工运行安全，地

下管道应布置在坚固完整、地下水位低的岩层中，对拟定管线区域的地质构造（岩石走向、节理裂障）应进行认真研究以防塌方和岩石脱落，地下施工要考虑出碴和浇筑混凝土的工作环境要求，管道与水平面夹角不宜小于 40°。为保证上覆岩层的稳定应留有足够的岩石厚度。洞井的布置方式通常有竖井、斜井和平洞 3 种，具体实施时应根据工程布置、施工条件、施工机械和施工方法选用。

地下埋管是钢衬、回填混凝土、岩体共同受力的组合结构，其施工程序包括洞井开挖、钢衬安装、混凝土回填和灌浆 4 道工序。

（1）洞井开挖。洞井开挖应尽量采用光面、预裂爆破或掘进机开挖方式，以保持其圆形孔口并使洞壁尽量平整且减少爆破松动影响。另外，还要合理选择施工支洞的高程和位置以方便出渣、运输钢衬以及混凝土浇筑（并应考虑将其作为永久排水洞和观测洞）。钢管管壁与围岩间的净空间尺寸应根据施工方法和结构布置（比如开挖、回填、焊接等施工方法以及布置无锚固加劲环等）确定，需要在管壁外侧进行焊接的其预留空间为两侧和顶部至少 0.5m、底部至少 0.6m、加劲环距岩壁至少 0.3m。应尽量减少现场管外焊接工作并减小加劲环高度以减少岩石开挖和混凝土回填方量。

（2）钢衬安装。钢衬一般为在工厂制成的一定长度管节，施工中将其运输到洞内用预埋锚件固定，在校正网度、压缝整平后即可进行焊接。

（3）混凝土回填。钢衬与围岩间回填的混凝土仅起传递径向内压力的作用（而不必承受环向拉力），故其强度等级不必太高（但也不宜低于 C15）。混凝土回填的重要关注点是应采用合适的原材料和级配，合理的输送、浇筑和振捣工艺以保证网填混凝土的密实、均匀以及围岩与钢衬的紧密贴合。平管的底部以及止水环和加劲环附近应加强振捣（严禁出现疏松区和空洞区）。混凝土回填的缺陷对钢衬外压稳定非常不利，采用预埋骨料压浆混凝土和微膨胀水泥等常会取得较好效果。

（4）灌浆地下埋管。灌浆分为网填灌浆、接缝灌浆和固结灌浆三类。我国钢管设计规范规定对平洞、斜井应作顶拱回填灌浆（灌浆压力应不小于 0.2MPa，但也不得大于钢管抗外压临界压力）；钢管与混凝土衬圈之间如果存在超过设计允许的缝隙时，应进行接缝灌浆（接缝灌浆宜在气温最低的季节施上以减少缝隙值，其灌浆压力不宜大于 0.2MPa 并应保证钢管在灌浆过程中的变形不超过设计允许值）；基岩固结灌浆可视围岩情况、内水压力、设计假定、开挖爆破方式等情况确定（其灌浆压力不宜小于 0.5MPa）。灌浆过程中应严密监视及防范钢管失稳等事故（必要时可采取临时支护措施），灌浆后的全部灌浆孔必须严密封闭以防运行时内水外渗造成事故。

二、地下埋管承受内压时的强度计算方法

从结构上看，地下埋管相当于一个圆筒形多层组合结构，目前其结构计算通常基于

以下 3 个假定，即结构中的各层材料（钢材、混凝土、岩石等）均处于弹性状态且为各向同性体；钢衬安装后回填混凝土前围岩变形已经充分（故混凝土层和钢衬中不存在初始应力）；在钢衬与混凝土以及混凝土和围岩间存在微小的初始缝隙。地下埋管的结构分析方法根据缝隙条件和覆盖围岩厚度的不同，分为钢管与围岩共同承受荷载和由钢管单独承受荷载两类情况。地下埋管单独承担荷载情况的计算与明敷钢管相同。地下埋管共同承担荷载时，地下埋管在内压作用下会发生变形，其变形前后的状态和荷载传递情况。

地下埋管共同承担荷载时，埋管承受内压后其钢衬会发生径向位移，待缝隙消失后会继续向混凝土衬圈传递内压，使混凝土内发生环向拉应力，从而在衬圈内产生径向裂缝，然后，内压通过混凝土楔块继续向围岩传递，使围岩产生向外的径向位移并形成围岩抗力，从而使埋管在内压下得到平衡。如果缝隙是均匀的，岩石又是各向同性的，则地下埋管可认为是对称的组合圆筒结构，在均匀内压下的位移和应力可按平面应变下的相容条件得出其解析解。地下埋管承受内压时的计算包括两个方面（其一是在已知钢管厚度情况下求钢衬应力；其二是在已知钢衬允许应力的情况下求解钢衬厚度）。

三、地下埋管的抗外压稳定分析

地下埋管的钢衬也存在外压作用下的失稳问题，国内、外地下埋管发生的事故中钢衬破坏大多是由于受外压失稳造成的（这是因为地下埋管是一种薄壳结构，其承受内压的潜在能力相当高而其抵抗外压的能力却较低。工程运行中，管道放空时其所受外压力值可能远高于大气压力）。地下埋管钢衬所承受的外压力主要有以下 3 种：①地下水压力。钢衬所受地下水压力值可根据勘测资料选定。根据最高地下水位线确定外水压力值的方法是稳妥的（但常会使设计值过高）。鉴于同时要分析水库蓄水和引水系统渗漏等因素对地下水位的影响，故地下水位线一般不应超过地面。②钢衬与混凝土之间的接缝灌浆压力（接缝灌浆压力一般为 0.2MPa）。③回填混凝土时流态混凝土的压力（其值决定于混凝土一次浇筑的高度，其最大可能值等于混凝土容量乘以一次浇筑高度）。

钢衬承受流态混凝土压力时，因钢衬无约束故类似明敷钢管承受外压，钢衬在承受地下水压力和灌浆压力时则已经受到混凝土垫层的约束（灌浆压力沿管周是不均布的，地下水压力则可认为是均布的）。埋管钢衬在周围岩石的约束下承受外压力产生变形时与地面钢管有很大不同，当外压值增加到一定值时钢衬将发生塑性流动从而导致大变形（部分钢衬脱离混凝土，而其余部分钢衬则与混凝土紧密接触，此时钢衬已丧失其使用性能，其相应的外压力即为临界压力。埋管钢衬的临界压力与材料的屈服强度和初始缝隙值直接有关，这是埋管与明敷钢管在外压下失稳的重要区别）。

四、不用钢衬砌的地下管道稳定分析

为节约投资、加快施工进度，取消钢衬是近代埋藏式压力管道设计的一个发展方向，充分利用围岩承担内水压力是其设计的指导思想。地下管道的衬砌形式除钢板衬砌外，还有混凝土及钢筋混凝土衬砌、预应力混凝土衬砌以及具有防渗薄膜的混凝土衬砌等。

（一）混凝土及钢筋混凝土衬砌

混凝土衬砌和钢筋混凝土衬砌在低水头压力管道中应用较多（但若用于高水头情况，在内水压力作用下混凝土衬砌难免开裂，因此应用较少），在高水头情况下防渗和承担内水，压力主要靠围岩，因此，其工作机理与不衬砌隧洞相似。该种情况下，混凝土及钢筋混凝土衬砌只能起到平整洞壁作用，为防渗和承担内水压力围岩必须较新鲜、完整（同时，其原始最小主压应力应不小于该点的内水压强并应有 1.2~1.4 的安全系数以防在充水后围岩被水力劈裂），洞室开挖后的二次应力与充水后的三次应力不但与洞室的尺寸和形状有关而且决定于原始地应力场的情况，因此，确定原始地应力场是地下工程设计的重要内容。

（二）预应力混凝土衬砌

预应力混凝土衬砌的特点是在管道充水之前在衬砌中施加预压应力以使管道充水后衬砌中不出现拉应力（或在局部只有很小的拉应力），混凝土衬砌中预压应力的施加方法主要有高压灌浆、钢缆施压、用膨胀混凝土衬砌 3 种。高压灌浆是指在混凝土衬砌与围岩之间进行的高压灌浆，目的是给衬砌施加预压应力。这种方法简单可靠、应用较广，但要求围岩应新鲜、完整并有足够的厚度。钢缆施压是指在混凝土衬砌外围预设钢缆，待混凝土强度足够后张拉钢缆给衬砌施加预压应力。这种做法安全可靠、对围岩要求不高，但施工复杂、造价较高。用膨胀混凝土衬砌主要利用的是混凝土的膨胀特点，在混凝土凝固过程中因自身膨胀会形成压应力，若围岩不够完整或覆盖厚度不够则可在衬砌靠围岩一侧布置钢筋以使其在衬砌混凝土的膨胀过程中承受拉应力，从而确保混凝土能够形成足够的压应力并减小混凝土膨胀在围岩中引起的应力。

第九节　水电站混凝土坝体压力管道设计

水电站混凝土坝体压力管道是依附于混凝土坝身的（埋设在坝体内或固定在坝面上并与坝体成为一体的压力输水管道），其优点是结构紧凑简单、引水长度最短、水头损失小、机组调节保证条件好、造价低、运行管理集中方便。其缺点是管道安装会干扰坝体施工、坝内埋管空腔会削弱坝体刚度并使坝体应力恶化。混凝土重力坝和坝内钢管及坝后厂房是应用非常广泛的传统形式。近年来混凝土坝下游面压力管道也得到了普遍应用，混凝土坝坝式水电站采用坝体管道司空见惯。常见的混凝土坝体压力管道主要分为坝内埋管和坝体下游面钢管（坝后背管）两种。

一、坝内埋管设计

坝内埋管的特点是管道穿过混凝土坝体并全部埋在坝体内。

（一）坝内埋管的布置

坝内埋管在坝体内的布置原则是尽量缩短管道长度；减少管道空腔对坝体应力的不利影响（特别应减少因管道引起的坝体内拉应力区的范围和拉应力值）；减少管道对坝体施工的干扰并有利于管道本身的安装和施工。在立面上，坝内埋管有 3 种典型的布置形式：①倾斜式布置。管轴线与下游坝面近于平行并尽量靠近下游坝面。其优点是进水口位置较高、承受水压小（有利于进水口的各种设施布置）；管道纵轴与坝体内较大的主压应力方向平行（可以减轻管道周围坝体的应力恶化）；与坝体施工干扰较少。其缺点是管道较长、弯段较多，另外，管道与下游坝面间的混凝土厚度较小。②平式和平斜式布置。管道布置在坝体下部。其优缺点与倾斜式布置相反。对拱坝，当坝体厚度不大而管径却较大时常采用这种布置方式。③铅直式布置。管道的大部分铅直布置。这种布置通常适用于坝内厂房（或为避免钢管安装对坝体施工的干扰在坝体内预留竖井，后期再在井内安装钢管）。其缺点是管道曲率大、水头损失大，另外，管道空腔对坝体应力不利。在平面上，坝内埋管最好布置在坝段中央且管径不宜大于坝段宽度的 1/3，管外两侧混凝土较厚且受力对称。通常在这种情况下，厂坝之间会有纵缝，厂房机组段间横缝与坝段间的横缝也应相互错开。若坝与厂房之间不设纵缝而厂坝连成整体时，由于二者横缝也必须在一条直线上，故管道在平面上不得不转向一侧布置，这时钢管两侧外包混凝土的厚度也将不同。若坝内埋管（以及其他形式的坝体管道）采用坝式进水口则其布置和设施必须满足进水口的所有要求，进水口的拦污栅一般应布置在坝体悬臂上以增加过水面积，检修闸门及工作闸门槽通常应布置在坝体内，紧接门槽后应是由矩形变为圆形的渐变段（然后接管道的上水平段或上弯段。有时渐变段也可与上弯段合并而由渐变段直接连接斜直段）。进水口位于坝体内时过水断面较大故宜做成窄高型，渐变段要尽量短以便能较快过渡到圆形断面（这样有利于闸门结构及坝体应力）。应注意保证通气孔的必要面积和出口高程及合理位置（以免进气时产生巨大吸入气流而影响通气孔出口附近设备及运行人员安全），应使进口处所设充水阀和旁通管面积不太大（以免充水时从通气孔向外溢水和喷水而影响厂坝之间电气设备的正常运行）。

（二）坝内埋管的结构计算

坝内埋管的结构计算可以用有限元方法或近似解析法，有限元方法大家可参阅相关著作，本书主要介绍简单、实用的近似解析法。近似解析法从与管道轴线方向垂直的平面内截取单位厚度并假定其属于轴对称平面应变问题，然后根据钢管、钢筋和混凝土的变形协调关系推导出计算公式，其计算步骤如下：

（1）判断混凝土的开裂情况在内水压力作用下钢管外围混凝土可能有未开裂、开裂但未裂穿、裂穿3种情况。

（2）计算各部分应力

①混凝土未开裂时各部分的应力情况。

②混凝土未裂穿时各部分的应力情况。

③混凝土裂穿时各部分的应力情况。

上述计算是内水压力作用下的基本应力计算。除此以外，坝体荷载也会在孔口周围产生附加环向应力。故应将这两种作用产生的环向应力叠加后再进行配筋计算（若求出的钢筋数量不超过并接近假定的钢筋数量则认为满足要求。否则应重新假定钢筋数量再重复进行上述计算，直到满意为止）。

（三）坝内埋管钢衬的抗外压稳定性计算

坝内埋管钢衬抗外压失稳分析的原理和方法与地下埋管钢衬相同。坝内埋管钢衬的外压荷载主要有外水压力、施工时流态混凝土木力和灌浆压力等。计算时，施工期临时荷载不宜作为设计控制条件（而应靠加设临时支撑、控制混凝土浇筑高度等工程措施解决）。钢衬所受外水压力来源于从钢衬始端沿钢衬外壁向下的渗流（可假定渗流水压力沿管轴线直线变化）。为安全考虑，钢衬最小外压力应不小于0.2MPa。钢衬上游段承受的内压值小、管壁薄但钢衬外渗流水压大，故是抗外压失稳的重点（应该在钢衬首端采取阻水环等防渗措施，并在阻水环后设排水措施，这样可比较有效地降低钢衬外渗压）。接缝灌浆既可减小缝隙也有利于钢衬抗外压失稳。从各国的应用情况看，坝内埋管钢衬在放空时外压失稳的事故比较少见。

二、坝后背管设计

为解决钢管安装与坝体混凝土浇筑的矛盾，一些大型坝后式水电站将钢管布置在混凝土坝的下游坝面上从而形成下游面管道（或称坝后背管），下游面管道除进水口后一小段管道穿过坝体外，其主要部分均沿坝下游面铺设。与坝内埋管比，下游面管道的优点是便于布置；可减少管道空腔对坝体刚度的削弱（有利于坝体安全）；坝体施工不受管道施工及安装的干扰（可提高坝体施工质量、加快施工进度、提前发电）；管道可随机组投产的先后分期施工（有利于合理安排施工进度、减少投资积压，机组台数较多时其效益更为显著）。混凝土坝下游面管道有两种结构形式，即坝下游面明敷钢管和坝下游面钢衬钢筋混凝土管。

（1）坝下游面明敷钢管。坝下游面明敷钢管的优点是现场安装工作最小、进度快、对坝体施工干扰小。其缺点是当钢管直径和水头很大时会引起钢管材料和工艺上的技术困难。另外，敷设在下游坝面上的明管一旦失事其水流将直冲厂房，后果严重。

（2）坝下游面钢衬钢筋混凝土管。该类管道是内衬钢板外包钢筋混凝土的组合结构，通常用坝下游面的键槽及锚筋与坝体固定，其钢衬与外包混凝土间不设垫层紧密结合（二者共同承受内水压力等荷载）。这种管道结构的优点是管道位于坝体外、允许管壁混凝土开裂（从而可使钢衬和钢筋充分发挥其承载作用利用）；钢筋承栽减少了钢板厚度（因而也避免了采用高强钢引起的技术和经济问题）；环向钢筋接头是分散的，故工艺缺陷不会集中（因而可避免钢管材质及焊缝缺陷引起的集中破裂口带来的严重后果）；减少了外界因素对管道破坏的可能性且在严寒地区有利于管道的防冻。

参考文献

[1] 张立勇 . 地域文化元素在水利水电工程设计中的实践：以湾沚区农村水系综合整治为例 [J]. 河南水利与南水北调，2023，52（7）：1-2.

[2] 隋高阳，于莉 .BIM 技术应用于水利水电工程设计的实践探讨 [J]. 山东水利，2023，（3）：55-56+59.

[3] 刘必旺 . 水利水电工程设计中的地基处理技术实践与研究 [J]. 运输经理世界，2021，（13）：100-102.

[4] 孙伟 . 生态理念在水利水电设计过程中的实践与探讨 [J]. 工程建设与设计，2020，（13）：60-62.

[5] 华北水利水电大学水利水电工程系 . 水利水电工程概论 [M]. 中国水利水电出版社，2020：255.

[6] 牛小玲 . 浅谈水利水电工程建筑设计实践 [J]. 中国建材科技，2019，28（3）：123+36.

[7] 余红 . 生态理念在水利水电设计中的重要性及应用实践 [J]. 内蒙古水利，2019，（4）：37-38.

[8] 王邢玉 . 水利水电工程设计中的常见问题及解决对策 [J]. 科学技术创新，2019，（8）：108-109.

[9] 付燕燕，鞠文希，尹玉泽 . 水利水电工程设计阶段工程造价的控制 [J]. 云南水力发电，2018，34（4）：157-158.

[10] 李威 . 探究水利水电工程建筑设计实践与创新 [J]. 智能城市，2018，4（10）：156-157.

[11] 莫名言 . 水利水电工程建筑设计实践与创新 [J]. 智能城市，2017，3（6）：182.

[12] 闵志华 . 浅析水利水电工程建筑设计实践与创新 [J]. 贵阳学院学报（自然科学版），2017，12（1）：29-31.

[13] 齐波波 . 水利水电工程建筑设计实践与创新探析 [J]. 农业科技与信息，2017，（3）：123-124.

[14] 徐盛法 . 浅谈水利水电工程建筑设计实践与创新 [J]. 居业，2016，（11）：80-

81.

[15] 刘祥睿 . 水利水电工程建筑设计实践和创新探析 [J]. 中国高新技术企业，2015，（32）：118-119.

[16] 龙雪芹 . 生态型水利水电工程设计的实践与思考 [J]. 北京农业，2015，（17）：169.

[17] 武如锐 . 分析水利水电工程建筑设计实践与创新 [J]. 民营科技，2013，(2)：224.

[18] 熊亮 . 探究水利水电工程建筑设计实践与创新 [J]. 科技资讯，2012，(34)：54.

[19] 赵志勇 . 水利水电工程建筑设计实践与创新 [J]. 民营科技，2012，（9）：257.

[20] 程奇 .Excel 和 AutoCAD 软件常用计算功能在水利水电工程设计中的应用实践 [J]. 科技与企业，2012，（11）：107-108.

[21] 方国华 . 水利水电工程概预算 [M]. 中国水利水电出版社，2020：328.

[22] 王光纶 . 水工建筑物 [M]. 中国水利水电出版社，2019：609.

[23] 中国水利水电勘测设计协会 . 水利水电工程勘测设计新技术应用 [M]. 中国水利水电出版社，2018：559.

[24] 金莉 .A 水电站工程设计项目质量管理研究 [D]. 大连理工大学，2017.

[25] 姚凌俊 . 雄溪河综合治理工程设计研究 [D]. 南昌大学，2017.

[26] 翟文欣 . 水利建设项目设计质量管理研究 [D]. 华北电力大学（北京），2017.

[27] 杨国英 . 基于 AutoCAD 的滴灌工程设计软件研究与实现 [D]. 中国水利水电科学研究院，2016.

[28] 温小燕 . 商河县沙河乡大胡等村土地整理方案 [D]. 山东大学，2011.

[29] 吴云 . 青海黄河水利水电咨询有限公司企业改制研究 [D]. 西北大学，2005.

81.

[15] 刘伟春．水利水电工程建筑设计实践和创新探析 [J]. 中国高新技术企业，2015，(32)：118-119.

[16] 龙雪开．生态型水利水电工程设计的实践与思考 [J]. 北京农业，2015，(17)：169.

[17] 武如锐．分析水利水电工程建筑设计实践与创新[J]. 民营科技，2013,(2)：224.

[18] 魏亮．探究水利水电工程建筑设计实践与创新[J]. 科技资讯，2012,(34)：54.

[19] 赵志明．水利水电工程建筑设计实践与创新 [J]. 民营科技，2012，(9)：257.

[20] 符奇 Excel 和 AutoCAD 软件常用计算功能在水利水电工程设计中的应用实践[J]. 科技与企业，2012，(11)：107-108.

[21] 方国华．水利水电工程概预算 [M]. 中国水利水电出版社，2020：328.

[22] 王英华．水工建筑物 [M]. 中国水利水电出版社，2019：609.

[23] 中国水利水电勘测设计协会．水利水电工程勘测设计新技术应用 [M]. 中国水利水电出版社，2018：559.

[24] 金彩．A 水电站工程设计阶段项目质量管理研究 [D]. 大连理工大学，2017.

[25] 姚凌俊．琥溪河综合治理工程设计研究 [D]. 南昌大学，2017

[26] 崔文娇．水利建设项目设计阶段质量管理研究 [D]. 华北电力大学（北京），2017.

[27] 杨国英．基于 AutoCAD 的滴灌工程设计软件研究与实现 [D]. 中国水利水电科学研究院，2016.

[28] 温小燕．临河县沙河乡人畜饮水工程管理方案 [D]. 山东大学，2011.

[29] 吴云．青海黄河水利水电咨询有限公司企业改制研究 [D]. 西北大学，2005.